梦是如何思维的

[美] 安德烈·洛克 著
王子夏 译

图书在版编目（CIP）数据

梦是如何思维的 /（美）安德烈·洛克著；王子夏译．—上海：上海科学技术文献出版社，2021
（新知图书馆）
书名原文：The Mind at Night
ISBN 978-7-5439-8180-5

Ⅰ.①梦… Ⅱ.①安… ②王… Ⅲ.①梦—精神分析 Ⅳ.① B845.1

中国版本图书馆 CIP 数据核字（2020）第 167448 号

The Mind at Night
by Andrea Rock

Copyright © 2004 by Andrea Rock
This edition arranged with Tessler Literary Agency
through Andrew Nurnberg Associates International Limited

Copyright in the Chinese language translation (Simplified character rights only) © 2020 Shanghai Scientific & Technological Literature Press
All Rights Reserved
版权所有，翻印必究

图字：09-2020-864

策划编辑：张　树
责任编辑：付婷婷　张亚妮
封面设计：李　楠

梦是如何思维的
MENG SHI RUHE SIWEI DE
[美]安德烈·洛克　著　王子夏　译
出版发行：上海科学技术文献出版社
地　　址：上海市长乐路 746 号
邮政编码：200040
经　　销：全国新华书店
印　　刷：常熟市人民印刷有限公司
开　　本：720mm×1000mm　1/16
印　　张：10.5
字　　数：165 000
版　　次：2021 年 1 月第 1 版　2021 年 1 月第 1 次印刷
书　　号：ISBN 978-7-5439-8180-5
定　　价：35.00 元
http://www.sstlp.com

我一直想知道大脑在夜里为什么不能像身体其他器官那样得到充分的休息,反而还处于运作状态中,并创造出一个虚拟的世界,而这个虚拟世界与现实世界一样真实。虽然我不能像很多我熟悉的人那样可以频繁地回想起自己的梦,但是我却对那些能够记起的梦产生了浓厚的兴趣,并感到好奇——它们是不是还意味着什么?

通常在醒来后,我根本记不起梦到了什么,而有时部分梦境却很清晰,以至于为我的心情增添了几分色彩。在一年中,尽管我只梦到了两三次在天上飞,但那已足够让我感到快乐了。然而我经常会做令人感到非常不安的梦,比如我参加了一场考试,而这个学科我从未学过;又比如来到一个派对后,我发现自己穿的衣服不够体面,但为时已晚;还有些是失控的梦,在梦里我驾驶一辆没有刹车和方向盘的车驶向一个陡峭、盘旋的山坡;而有些梦则是追逐的场面,我在梦里被几个危险的人或怪物追赶。这些梦有一个共性就是无论是视觉情节还是由梦引起的情感,所有的梦都像真的一样。

在和朋友讨论有关梦的话题时,我发现一如我对梦的好奇,我的主题似乎很普遍。在看到由一位已故物理学家写的一篇文章时,我更是产生了兴趣。他在文章中提出的有关梦的问题和我的相同,梦里的影像看起来为什么那么逼真?对此我与费伊曼都感到不可思议,同时我还想知道梦是怎样做到和人们清醒时那样相似的。每当我梦见我的孩子从悬崖或窗上掉下来,我的恐惧就会很真实地反映在生理上,以至于醒来时心跳加速。当睡眠减少时,我们的意识流会怎样?考虑到这一难题,费伊曼又提出了其他有趣的疑问:"你的想法是什么?你的身体还好吗?你的思路还清晰吗,或是发生变化了吗?梦的消失是突然的还是缓慢的,以及你是怎样停止思考的?"

在为撰写这本书进行调查的过程中,我发现,人们没有停止夜间思维,而是以一种不同的形式进行着。由于没有科学研究的对象,费伊曼没能解答有关梦的一些问题。因此，他对这一结果感到很遗憾。然而，归功于近两年所展开的对梦的研究，我们现已得到很多答案。无论是看上去还是在感觉上梦为何都那么真实，对于这一点我有了惊奇的发现，它们不仅本身引人入胜，而且还深刻揭示了清醒状态下的大脑是怎样工作的。事实上，更多地了解其他16小时里我们的机体是靠什么运转起来的，这已经成为我在探索神经学领域的过程中十分兴奋和刺激的一件事。

在写本书时，我发现想要让那些科学家轻而易举地对梦的定义看法达成一致是不可能的。有些科学家把梦狭义地定义为完全由角色参与，并把对虚拟故事的创造以及发生在我们睡眠最初阶段可辨别的情节，称为眼部快速运动的睡眠——正如该名称所描述的那样，你在合拢的眼皮下方观察一个睡眠者的眼睛正向前后射着光。而在光谱的另一端则是研究人员——他们把大脑在梦中各种阶段的活动分了类。还有一些科学家则表明，在清醒状态下的朦胧脑部运动如沉思也应归结到定义中。在采访科学家期间，我自己就作为一名实验对象并对大堆有关梦的调查报告以及其他相关材料进行了摘要。过了几个月后我明白了做梦的概念，距离光谱更宽广的边缘，最有效地反映了有关在梦的研究中获得的知识范畴。

为了在本书开头展开讨论，我把梦定义为可以在清醒状态下描述出来的一种睡眠状态下的脑部活动。有些梦相对的世俗化，而有些则是虚幻世界的杰作。当然，要是在做梦期间或是梦后立即醒来，我们很有可能将它描述出来。尽管我们无法记起大部分的梦，但是它们依旧可以在夜里被梦到，而研究证明，无论我们能把梦记住与否，它们都可以影响我们清醒时的情绪。

我了解到夜间大脑思维异常活跃，并不只是产生一种我们不用飞机就能突然飞上天的影像。相同的神经系统可以让我掌控在白天的活动，利用该系统大脑在夜间会部署一些重要的而且可识别的任务。例如，在我们刚进入睡眠状态时，没有故事情节的梦境便展现给我们，而大脑在夜间的重要职能之一，却与之息息相关：重现我们经历过的事情，提取足够重要的情节并与长期的记忆结合起来，从而能够指导我们更新白天的行为模式。在本书前几页，你将了解思维在大脑中是如何产生形象生动的影像，具有代表意义的是我们会想到梦进入脑中的那一刻。而后你还会了解相关且同等重要的高层次的脑部活动，这些活动都是在每晚意识形态以外进行的。虽然你无法描述大脑夜间思维的活动状况,但是对于比如"你是谁?你是怎样在这个世界上生存的?"这种问题会产生极大的影响。

正如罗伯特·范·德·卡斯特尔在他全面记述梦境的《梦是如何思维的》一书中充分论证的那样,在有史实记录以来,梦就蕴涵着人类的想象力。最早有关梦的记录源自美索不达米亚地区,那里的泥土字板记述了传奇英雄吉佳马西的冒险经历,这包括对梦的记载以及如何对它们所象征和暗含的影像做解释。文字版是在公元前17世纪的一个国王的文库中找到的,而以口头形式流传的有关梦的故事早在几千年前就有了。大约在公元前1世纪的印度和中国,如何解译梦的含义就被记录于文书。早期梦的概念围绕于这样一种观念:梦是来自上帝的旨意,它们可以预示未来,而在许多文献中,梦一直被认为是具有力量的。

现代科学对梦的概念同样可以追溯到远古时期,亚里士多德曾这样说道:"做梦不是神的产物,而是清醒时大脑的思索。"《奥义书》是一本写于公元前900年至公元前500年间的印度哲学著作,书中提出是做梦者本身塑造了英雄、凯旋战车和其他出现在梦里的事物,而这些事物却体现了做梦者内心世界的渴望。

当然,这种理念正是弗洛伊德关于梦的理论的核心,在这一理论中对梦进行科学的、普遍的思考,贯穿了20世纪前半程的大部分时期。弗洛伊德将梦的意义描述为"了解大脑未知世界的堂皇大道"。在他看来,未知世界既包括与生俱来但从未进入意识形态的信息,又拥有与未知世界隔绝的经历和思想,并一直受到抑制,因为它们是不被接受的记忆、意愿和恐惧。一个人想要跟母亲睡觉并杀死其父亲,这种被压抑的欲望也许就是弗洛伊德理论的典型事例。

弗洛伊德所著的《梦的解析》一书出版于1900年,书中表明梦由潜意识下的意愿产生(主要是性欲和进取欲,弗洛伊德称之为性驱动)。在潜意识下的自我往往在清醒时也受到抑制。要确保睡眠不受打扰,脑部思维会产生可以由做梦来实现的意愿——构造出具有象征意义且不完整的场景,并赋予它视觉隐含意义,从而来掩饰表现出来的欲望和恐惧。有时这些意愿要么由"日间残

余"引发,自觉地表现出未忘记的意愿,这些意愿都是源自那些前一天未实现的事情;要么在睡眠减缓、受大脑潜意识抑制状态下,从无意识中浮现出的欲望所引起的。

在弗洛伊德看来,有了心理学家的帮助,梦的符号就能够给予解释并揭示其意义。分析家们也学会了运用弗洛伊德自由联想的方法——指导做梦者说出任何进入大脑思维的事物,这些都跟无潜意识抑制思维下的各种因素有关。弗洛伊德心理分析的核心是利用"自由联想"来破解梦中看似奇异且"清晰"的事物并提示令人焦虑且隐藏在事物背后的事实。为了对各种表征的符号作以解释,弗洛伊德辞典便由此诞生。大部分符号都有性的暗示,并渗透着大众文化。要想将正在进入隧道的列车这一影像从弗洛伊德的解释中分离出来不是那么容易,一个事实就是希区柯克就曾经将这一点全部融入电影《西北偏北》中,影片中加里·格兰特和爱娃·玛莉森特在火车上处于极具诱惑的场景,卧车突然断开,而一段列车冲进了隧道。

在弗洛伊德理念的摘要中,他明确地阐述:"成人多数的梦都是在与性话题打交道,并表现出性爱的意愿。"他还指出:"我们早年生活的印记可以显现在梦里,这似乎不受我们清醒时记忆的控制。"弗洛伊德在他最熟悉的案例中举了一个例子:一个患者梦见一群狼坐在树上,这表示他童年受伤的记忆里留有父母做爱的情景,同时又有一种害怕被阉割的深层畏惧感。

弗洛伊德坚持这样一种观点:多数的梦境能够反映出被压抑的性意愿,这是导致弗洛伊德和一度受他影响的卡尔·荣格之间的主要分歧之一。而荣格的理论在过去的大部分时间里也曾影响了对这一话题普遍的观点。与弗洛伊德不同,荣格认为梦不会被译解出具有隐含的意义。"清晰的梦境只不过是梦,并且包含梦的全部意义"。他还认为梦中的画面可以把大脑那些本能的情感信息传达到另一理性的层面。然而,它们并不体现那些被压抑的性意愿。事实上,梦通常在成长和发展方面表现出积极的渴望,荣格还提倡对梦的分析要用一种叫作放大的方法,在这个过程中与梦境联系紧密的个人意义要由做梦者本身去挖掘。例如,如果一个梦的主场景是一艘船,荣格会让做梦者描述船的全部特征,就像做梦者在与一个陌生人说话一样。通过这种方法,他可以根据做梦者的所见所闻以及独有的个人经历来发现与做梦者具体联系的影像是什么。

除了根据个体的经历提取出梦的含义外，荣格还提出梦的其他层面的意义。其实，他相信我们做的最重要的梦属于被称为"共同无意识"的产物，它传承着人类物种的历史。因为人类过去进化的表征蕴涵在解剖学的构造中，一如人在胚胎期尾骨消失后留有的痕迹，所以荣格在他的理论中写到：如果没有以往的经历，大脑思维就不会产生，就像尾骨不会在身体上存在一样。他提到共同无意识有"原型"表现，这些原型不仅出现在梦里，还存在于神话传说和宗教祭典的历史中。他还提到"原型梦"与强烈的情感有关，会频繁地出现在危急时刻以及生命的转变期。

对于我们如何做梦以及为什么做梦，当今在思想上的探索揭示了一些由弗洛伊德和荣格提出的理论要素。在他们的理论中有许多重要的部分得到了现代科学的支持。20世纪50年代中期兴起于芝加哥一间潮湿的实验室里的革命，在过去的10年里已经快速发展起来，我们可以从分子层面了解大脑的工作，这还要归功于全新的科学技术。一些实验室遍及北美和欧洲，并从南非延伸至以色列，在实验室中，研究人员将生物化学、航天学、微生物学以及机器人科学等不同领域的知识结合在一起来解答梦里大脑思维之谜。

在本书前几章节提到的传说中，我们探索了人类如何做梦以及为什么做梦，但这也许会推翻你的那些假设——从看日落，太阳在地平线上或梦境的某一部分这一看似简单的任务到对更复杂的工作的了解、形成以及恢复记忆或处理情感上的问题。你的大脑是如何做到身体在安稳的状态下休息时，不再需要处理来自外界的信息，也能很轻松地将注意力放到重要的任务中，其中包括将新的体验聚集到记忆中去，这种轮转流水式的处理过程会对你清醒时的行为有指导作用。

梦境能够提供有价值的信息，它们与我们内心深处的想法和感受都有关，这一点我们已经很明确。心理学家比尔·杜胡夫在梦的系统量化和分类方面有所研究，这一方法十几年来一直被全世界的研究人员所采用。比尔·杜胡夫说道："我们已经证实了75～100个梦，它们都是一个人做的，而在心理学上这个人又是一种很好的个体类型。"他还说："在近几十年中，我们已经收集了1 000个梦并为大家勾勒出心理学上的轮廓，这种轮廓犹如指纹一样独特、精准。"然而，一些研究者坚持梦不能表现意图这一观点，还有一些则争论说做

梦的过程对调节我们的情绪起作用。

如果大脑能够正常发挥功效，即便只记起梦中情节的一小部分，也说明我们每晚的确会做梦。研究人员已采用简便的方法来帮助我们回想所做过的梦，因此，我们就可以透过这扇独特的窗户更加频繁地研究大脑思维。科学家还证明，只要我们提高自身的能力，就可以了解正在做的梦，有时还可以从容地操控下一个动作——一种异乎寻常的现象，被称作"清晰的梦"。

在快速眼动期（REM）睡眠中，大部分梦境出现时，大脑中丰富流动的化学物质与清醒状态下的不同，这也是脑部最活跃的区域。这种急剧变化的运作环境可使我们成功进行脑部活动联结，而此种联结却不被清醒状态控制下正常的脑部信息处理中心所接受。为什么许多艺术家和科学家声称他们在梦中冒出了惊人的想法，这也许可以从自由式联想中得到解释。这种方法有时会让梦的质量没有意义。

最后，有关梦的研究也可以帮我们来解答所有疑问中最令我们感兴趣的问题：自我反省意识的由来。这种反省意识使人类有别于其他生物，而这种无形的特性使我们能够做出复杂的计划，进行幻想并使记忆连成串，从而形成个体的经历，或者还可以让我们运用一些抽象的概念，如语言和艺术来描述心理变化。有关意识本源的探索，现在仍处于神经学探索边缘，而所给出的答案已经表明，梦境与清醒的意识的界限不再像先前所定义的那样严格了。

1965年，在美国发起的对睡眠和梦的调查报道中，盖伊·盖尔·露丝对于梦的研究这一新的科学领域的重要意义做了摘要，此时，这一领域才首次被人们了解。露丝说："正是在大脑思维只对自己讲话的那一时刻，科学才首次在大脑思维活动这一神秘领域见到了一丝光明。这不仅是对睡眠单一课题的探索，而且是对整个人类精神世界的探索。"

目录

CONTENTS

前　言		001
第一章	快速眼动期实验	001
第二章	反弗洛伊德	015
第三章	本性的实验	035
第四章	针毡课程	050
第五章	再闯迷宫	061
第六章	夜间疗法	080
第七章	最佳媒体顾问	097
第八章	创造性混乱	108
第九章	变化的状态	119
第十章	意识与超越	137
后　记		148

第一章

快速眼动期实验

> 我们在梦境中的感觉如此真实是因为梦境本身就是真实的……而大脑创造的奇迹在于不用依靠任何感官的帮助,就可以在梦境中重现我们在清醒时生活的世界中所有的感官信息。
>
> ——威廉·德蒙特

1951年秋,在芝加哥大学里一个状似地牢般的实验室中,尤金·阿赛斯基(Eugen Aserinsky)在他8岁的儿子阿尔芒(Armond)入睡后,用电极记录着他的眼部活动和脑电波。对他而言,显然目前正在进行的实验关系到他能否最终取得学位和工作。尤金·阿赛斯基,一个30岁的老学生,所修的大学学分足以荣登吉尼斯世界纪录,却连一个文凭都没有取得。因此,他对于这个实验如此迫不及待显得毫不奇怪,或者用孤注一掷来形容更贴切些。阿赛斯基努力供养着他的儿子和怀孕的妻子以及他们简陋的公寓,说它简陋并不为过,公寓中仅有的供暖设施是个笨重的煤油炉。而阿赛斯基从事的这项鲜为人知的实验,似乎预示着它带来的新发现将使得科学界对人类睡眠时大脑活动的认知发生革命性的变化,从而引发对于从学习到调节我们的情绪上,大脑是如何运作的这一未知领域的进一步探索。

然而,阿赛斯基好像并不像大多数寻常的学生一样有一个正常的童年。在阿赛斯基出生后不久,他的母亲就撒手人寰,此后他在父亲的抚养下长大,一直生活在布鲁克林。而他的父亲,是一个游手好闲的俄国移民,表面上的职业是牙医,但真正的兴趣是在午夜的纸牌游戏中骗取别人的金钱。但阿赛斯基还在上小学的时候就已经显示出了与众不同的智慧,因此他的父亲训练他一起赌博行骗。他们甚至还发明了特有的手势,通过这些在皮纳克尔游戏中(一种

2～4人玩的纸牌游戏，使用48张牌的一副纸牌，通过采用轮圈抓牌或形成某种组合计分）骗取了大量的金钱。因为这种游戏通常都会在午夜之后进行，因此阿赛斯基通常都会逃课来补充睡眠。事实上，一个学年中1/3的时间里他的座位都是空的，在那些正面临经济大萧条的年月里，学校领导通常都会对缺席现象视而不见。由于他在校成绩和表现出众，甚至还跳了两级。15岁时，阿赛斯基被布鲁克林大学录取，稍后转入马里兰大学，在那里他学到包括西班牙语和牙科在内的大量的课程。但是直到第二次世界大战打响后他离开学校从军前，他始终没有获得过任何一个学位。

第二次世界大战过后，阿赛斯基以一个高性能炸药排弹员的身份随军从英格兰返回祖国。回国后，朋友们认为他在马里兰州巴尔的摩从事文职工作以供养他的妻子和2岁大的儿子阿尔芒实在是浪费才华。随后他在朋友的劝说下放弃了这份工作，申请进入芝加哥大学学习。当时芝加哥大学中有一个研究生计划，专门为那些有天分的学生而开设，阿赛斯基显然符合这个计划的全部条件。在随后的日子里，阿赛斯基——一个黑头发、蓄着大卫·尼温式的小胡子、体形略显纤细、酷爱西装革履（在实验室中也不例外）的男人成为学校的一个亮点。值得一提的是，在他的高中文凭和博士文凭之间没有任何其他文凭的存在。

然而，当他来到芝加哥后，发现唯一的生理学学科是由纳撒尼尔·克雷特曼教授的，克雷特曼是第一个也是唯一一个将一生贡献给睡眠研究事业的科学家。

作为一个104岁高龄的俄国移民，克雷特曼极度热衷于他的研究，他甚至花一个月的时间待在肯塔基州洞穴中的地下室，研究在缺少环境因素的情况下是否会改变身体的自然周期，比如变成21小时或28小时一天（结论是否定的，我们身体内部的生物钟会自然地设定睡眠周期为24～25小时）。他还在后来的剥夺睡眠实验中充当受试者，保持连续180小时的清醒状态，这是一种被自己事后总结为异常有效的折磨方式。

阿赛斯基十分喜欢生理学，但他对睡眠研究并没有什么特殊兴趣，特别是当他见过克雷特曼——一个被他形容成"灰头发、灰皮肤和灰色工作服的老头"之后，而且这个老头通常都会消失在自己紧闭的房门里，每次阿赛斯基来敲门时，他都会气愤得像只上蹿下跳的猴子。因此，阿赛斯基仅存的一点儿兴趣也似乎丧失殆尽。同样，克雷特曼也并不认为阿赛斯基是最佳的研究助手，但经过阿赛斯基观察后发现，似乎克雷特曼选取研究助手最基本的条件就是"候选人有心跳"。那么因为阿赛斯基"幸运地"符合了这一条件，因此克雷特曼立即给了他一项研究作业：观察熟睡后婴儿眨眼的情况——是逐步有规律的还是突然的。

在进行数月劳而无获的实验后，阿赛斯基终于鼓起勇气敲开了那道被他自己形容为"死气沉沉"的大门，并向克雷特曼提出了一条不同的建议：观察研究目标整晚的眼部活动。通过观察研究目标入睡后眼部即时的移动情况，来研究这些移动究竟是漫无目的偶然发生的，还是有着某些特定的意图和含义。出乎意料，克雷特曼十分认同这一提议，并建议阿赛斯基把这个实验作为博士论文来完成。他还提到在生理学院大楼的地下储藏室中有一台多种波动描记器，可以用来记录研究目标的眼部活动、脑电波和其他生理情况。阿赛斯基意识到他正面临着巨大的危机——如果实验不能有所进展和突破的话，那么他将继续过着四处收集学分而没有学位证明的生活。因此，他决定将实验进行到底。

"根据我的反智力金质肥料（anti-intellectual 'Golden Manure'）理论发现，在任何细节上漫长痛苦而又异常精确的集中探查后的结论，都预示着迄今为止的另一个未知科学宝藏的发现。"阿赛斯基稍后表示，"摆在我面前的是一场赌博——在无人涉足的对成年人整夜睡眠过程中眼部活动的研究领域中，我可以取得成就的概率有多少，取得成就的大小也决定着我能否赢得这场豪赌。"

如同当年阿赛斯基与他父亲并肩作战一样，阿尔芒也被阿赛斯基押上了"赌桌"。自二年级起，小男孩就开始在实验室中度过了无数的时光，从最初作为一名受试者，到后来帮助他父亲架设那些摇摇欲坠的测试器，并校对其他研究目标的测量数据。

"实验室阴森可怕，那些石墙也陈述着它的古老陈旧，那些仪器如此高龄几近破碎边缘。"阿尔芒回忆道，这时他已经是一个临床心理学家。"进行记录程序前的准备非常的麻烦，而且我一点都不喜欢夜间作业，但我知道父亲需要我的帮助，我也非常喜欢他对我讲述他的发现，并十分重视我的意见。"

事实证明，阿赛斯基从雅培会所地下室拯救出来的那台被遗弃的多用波动描记器是那类机器的第一台。它通过贴在受试者身上的电极捕捉眼部活动和脑电波,并将这些电子信号通过多个钢笔以墨色图案的形式记录在大幅纸页上,一晚上的睡眠观测记录大概要消耗半里(250米)长的复写纸。

这种以电子信号记录大脑活动的技术在20世纪初期就得以应用,德国神经病学家汉斯·伯杰第一个成功记录了闭目养神但却保持清醒的受试者的脑电图,他注意到这些脑电图描记器的图形显示了入睡后的持续变化,而哈沃德在20世纪30年代进一步的研究中,更加详细地区分了清醒状态和睡眠状态中脑电图的不同。但人们从没像阿赛斯基一样整夜地记录脑电波和眼部活动,因为包括克雷特曼和其他人都错误地认为,睡眠状态是一种二级状态,也就是说,除了身体基本功能的运作外,大脑中不会进行其他重要的活动。

当阿赛斯基"诱拐"阿尔芒再次进行夜间作业时,他惊愕万分地发现复写笔周期性地停止描摹早前睡眠状态中的脑电图,而开始疯狂地描摹出与日间清醒状态相似的高峰和低谷图像。由于这一发现与先前认为的大脑在睡眠期间基本处于一种关闭的被动状态的科学观点相违背,因此,阿赛斯基最初还以为是机器故障导致的问题。但在请教过包括设计这个机器的工程师在内的专家后,阿赛斯基再次进行每个眼睛的独立记录,他终于确信,他所看到的不寻常的图像是真实存在的。

他在其他成年受试者身上重复进行实验,发现不仅与从阿尔芒身上观测到的长钉状排列的图像十分吻合,并且在夜间有规律地发生4~5次,同时伴随着清晰可见的激烈的眼部活动。将所有的证据汇集在一起之后,阿赛斯基意识到他观察到的现象很可能是受试人做梦的过程。在他把一个开始哭喊的男性受试者唤醒时这一直觉得到了肯定,当时受试者眼部活动异常剧烈,几乎使复写笔脱离描记器。随后受试者承认,他那时确实在做带有暴力色彩的噩梦。随着研究的进一步深入,阿赛斯基发现,当受试者在剧烈眼部活动过程中被唤醒时,大多都会对梦境有极为鲜明的记忆。但是如果在眼部活动微弱至几乎没有的时候被唤醒,那么他们几乎记不起来任何东西。

最初,在阿赛斯基将他进行的自称为快速眼动期(REM)研究的结果展示给克雷特曼的时候,克雷特曼显得多少有点难以置信。但连续实验结果的一致性逐渐使得老人信服,并使他产生了兴趣,于是指派了另一个实验室的助手来协助阿赛斯基进行快速眼动期记录。然而，在1953年科学学会上，这一研究成果第一次在世人面前亮相时，极端苛刻同时谨小慎微的克雷特曼还是坚持以自己的女儿为受试者亲自进行实验程序。当在他女儿睡眠期间体现出了相同的眼部活动后，克雷特曼认定这项研究总算大功告成。快速眼动期实验的结果在1953年通过科学杂志公之于众后，克雷特曼最终同意与阿赛斯基各自署上自己的名字。

这一里程碑式的研究迫使科学家们去重新设想在睡眠过程中到底发生了什么。与他们之前的设想截然不同，大脑在夜间并不是无所事事而是规律性地加快转速，从而进入一种类似的增压状态来唤醒意识。大脑在快速眼动期阶段到底做了些什么仍然是一个未知的谜，但梦境毫无疑问是答案中的重要部分。20世纪60年代是梦境研究的黄金年代，各个学科的学者们迫不及待地涌入这个新领域中，交流着不同的意见——其中一些非常的疯狂——结果导致了科学方法上如同爵士音乐家一般的相互干扰与拥挤。但由快速眼动期研究结果引发的无数问题几乎被威廉·德蒙特单枪匹马地解决了。德蒙特在上医学院二年级时参加了纳撒尼尔·克雷特曼讲座以后，对睡眠研究产生了极大的兴趣。

1952年，当怀着满腔热情的德蒙特站在克雷特曼工作室外那道声名狼藉的大门外询问他是否能成为这个实验室的助手时，克雷特曼探出头来询问他是否了解任何有关睡眠的知识，这个年轻的医学院学生坦白地承认他什么都不知道，沉默寡言的克雷特曼只留下了一句话："读我的书。"随后便"砰"的一声关上了那道门。于是德蒙特开始研读克雷特曼的书籍并在他的实验室中工作，在那里，他帮助阿赛斯基完成了快速眼动期睡眠研究记录，最终使阿赛斯基获得了自己渴望已久的学位。

阿赛斯基完成实验后便离开了芝加哥，因此，德蒙特很快开始了孤军奋战的研究生涯。尽管阿赛斯基的科学发现引发了一阵公众热情和研究狂潮，但显然不能为他带来名气和财富。因此，在感觉到与日俱增的生活压力后，他于1953年夏天接受了提供给他的第一份工作——西雅图渔业管理局的工作。在那里，他从事的实验是能否通过水中的电流控制大马哈鱼的行为。虽然这与睡眠研究格格不入，但说到底，只是一份养家的工作而已，阿赛斯基仍然为曾经进行的艰辛的夜间实验时光而感到由衷的快乐。

另一方面,德蒙特对于自己能够在芝加哥的实验室中领导梦境研究显得兴奋不已。不同于克雷特曼和阿赛斯基,他十分相信弗洛伊德的理论:对梦境的解析是了解思维中无意识活动的重要一环。"弗洛伊德学派的心理分析学家在20世纪50年代的社会中随处可见,而我也是其中充满热情的门徒之一。"德蒙特在记录他早期梦境研究的报告《睡眠守望者》(*The Sleepwatchers*)中写道。自从弗洛伊德提出"如果人们不能通过做梦的方式来宣泄欲望和情感的话,人们在清醒状态下的精神将会崩溃"这一理论后,德蒙特便急切地开始在当地的医院里对精神分裂症患者进行研究,观察他们的心理疾病是否反应在无法做梦这一现象上。这一理论并未获得证实——脑电图描记器的记录结果显示,患者的快速眼动期周期十分正常,并且他们表示能够做梦。

但是德蒙特并未退缩——他还有许多其他的理论和未被解答的问题需要探索。他在医学院的最后一个学年里,每周有两个夜晚在克雷特曼的研究室里进行睡眠研究,他还更加精确地定义了快速眼动期的特性和其他睡眠阶段。彻夜不眠的研究和作为一个医学生的其他生活需求,使得德蒙特经常第二天在教室后排酣然入睡,这一问题也使得他一度被传讯到院长室,好在最终的结果并未使他的努力付之东流。

在1957年出版的书籍中,他和克雷特曼描述了快速眼动期的特征和其他睡眠阶段的特征,陈述了数十年来绝大多数医学教科书中关于睡眠和梦境的基础信息,与此同时,德蒙特对于梦境研究的热情也激励了美国和欧洲实验室对于梦境相似课题的研究。

通过观察详尽的脑电图描记器的记录图表,德蒙特发现,健康的成年人都会经历可预测睡眠阶段,这些睡眠分为5个阶段。在放松的预睡阶段,我们开始排除杂音和其他外在影响的干扰,同时,我们的大脑开始产生规律的阿尔法波——与人在进行冥想时显示出的脑电图一致,是一种不带有目的性思维的平静状态。然后,我们将进入一级睡眠状态,也称为初级睡眠,此时我们将体验到一种睡前影像——通常是从白天的经历中提取出来的一种短暂的如同做梦般的视觉影像。接下来进入二级状态,通常是10～30分钟的浅睡眠阶段,与此同时,大脑调低运转速度,进入到代表第三及第四阶段的非快速眼动时期脑波,也就是我们常说的慢波睡眠或深度睡眠。具有代表性的梦游就发生在深度睡眠阶段。

在进入深度睡眠后的 15～30 分钟后，我们会退回到最开始的两种阶段，并进入快速眼动期第一阶段，也就是说我们的脑电波开始变短，变得急促，就如同被唤醒一般。当进入快速眼动期阶段时，我们全身上下的肌肉完全放松，而手眼脚会偶尔抽动，那是因为我们本质上身体处于麻痹状态，因此，不能由身体上的动作重现我们梦境中的动作。除此之外，我们生理上完全处于激发状态：呼吸开始变得不规律，心跳节奏加快，同时生殖器开始充血，不论男女。最初的快速眼动期循环时间为 50～70 分钟，此后每 90 分钟循环一次。在前半夜里，慢波睡眠处于主导地位，快速眼动期的时间很短，甚至只有 10 分钟。而随着入夜时间的增长，非快速眼动期的睡眠时间减少，而快速眼动期的持续时间增长，从 20 分钟开始，随着早晨的临近逐渐增长为 1 小时。也就是说，成年人的睡眠时间大约有 1/4 是处于快速眼动期阶段，另外 1/4 处于深度睡眠阶段，其余时间则处于第二阶段的浅睡眠状态中。

也许在早期阿赛斯基、克雷特曼和德蒙特从事的快速眼动期实验中，最引人注目的成果，就是当受试者从快速眼动期阶段中被唤醒后能够回忆起刚做的梦。调查显示，74% 的受试者在快速眼动期阶段被唤醒后能够记住刚才的梦，相比之下，在非快速眼动期阶段，只有少于 10% 的人能够记住。这些初始数据使得德蒙特和其他研究者推断出，梦境只在快速眼动期睡眠阶段发生，而其他非快速眼动期阶段回忆的梦境，则属于早些时候快速眼动期阶段遗留下来的片段。

"快速眼动期睡眠阶段等于做梦阶段"这一被广为接受的设想，拓展出了关于梦境对生活影响研究的新领域，而德蒙特非常迅速地传播着这一福音，这是人们第一次能够精确地指出梦境产生的时间。同时获得了医学学士和生理学博士学位的德蒙特于 1957 年离开芝加哥来到纽约，在那里的蒙特思来医院完成了住院医生实习期，并在夜间继续进行着梦境的研究。为了在进行梦境研究的同时不远离他的妻子，德蒙特将他们公寓的一部分改建成为一个睡眠研究室，并通过本地广告来招募受试者。这则广告被洛克茨舞团的一名成员偶然间看到，并且开始在无线音乐城剧团中的其他成员里广为流传——她们只需要在德蒙特的实验室中简单睡上一觉就可以挣钱——这一说法显然对于许多年轻女

子有着莫大的吸引力。尽管这个研究已经正当的不能再正当了，但随着合唱团中的女演员走马灯般涌入德蒙特的住所，仍然使得德蒙特成为那个公寓中关注的焦点人物。

"一个可爱的女子，依稀带着剧团里的装扮，来到公寓打听我的房间，"德蒙特回忆道，"到了早晨，她会再次出现，有时和因整夜运作脑电图描记器连胡子都没来得及刮而显得筋疲力尽的男同事一起。终于有一天，门卫忍受不住好奇心的驱使，向我询问道：'德蒙特博士，到底你在你的公寓里研究什么呢？'我当时唯一能做的就是笑笑。"

确切地说，在德蒙特公寓和其他实验室中的研究，对于这块未知领域是一轮新的尝试性探索。德蒙特和其他学者试图通过各种极具创造力的研究，来搞清楚梦境产生的原因以及它们和清醒状态生活之间的联系。而在20世纪60年代初期，随着史波尼克号人造卫星（Spetmik）的发射，标志着苏联在航天领域击败了美国之后，美国政府开始加大对各种基础研究的资金投放，而梦境研究无疑是其中的受益者之一。仅仅1964年，国家心理健康研究所就资助了超过60个关于睡眠和梦境的研究。从纽约到波士顿，从华盛顿到辛辛那提和其他诸如弗吉尼亚、得克萨斯州和俄勒冈州的校园中，许多学者们都投身到了这块新兴领域的研究上，尽管对这个领域的认知很少，但不论是什么，无论了解多少，也许学者们只需要一些新的东西来研究，仅此而已。

仍有无数的问题留待学者们来解答，为了得到结果，极具创造性的、千奇百怪的方法被学者们发明出来。梦的内容可以被操纵吗？德蒙特是第一个试图在受试者进行快速眼动期睡眠过程中使用来电铃声改变梦的内容的人，但在大约200次不同的尝试中，只有20次的梦境与电话铃声互动，并成为梦境中情节的一部分。研究者们以喷水的方式影响做梦的人，仅获得了有限的成功，而最新的方法则是在受试者进行快速眼动期睡眠过程中，通过挤压手臂处安置的血压计来影响受试者。但无论如何，大多数做梦的人并不会受到这些方法的影响。在这些场合中，当现实世界中的刺激足以越过我们感观上的障碍时，它们就会迅速并且巧妙地进入目前的梦境中去。比如，向一个受试者身上溅水，也许会在他的梦境中产生一阵突如其来的阵雨，但并不能产生更多实质性的变化。

临睡前的经历对于梦境的影响也是微乎其微的，这些经历包括给临睡前的受试者食用香蕉、奶油派或意大利辣香肠披萨饼，减少他们体内的水分，以观察他们是否在梦中不停地产生口渴的感觉，或让他们观看暴力电影和色情电影等。处于梦境中的大脑更像是一个厉害的独立导演，根据某些我们仍需探索解读的标准，来选取午夜剧场中的角色、背景和情节。

其他实验证明，尽管一些人声称并不做梦，但实际上在夜间仍在编造着梦境的情节。如果受试者在快速眼动期睡眠阶段被唤醒的话，他们就会记得自己的梦境；但是如果在快速眼动期睡眠阶段过后的几分钟内再唤醒他们，通常这些梦境的记忆都会消失。另一项关于不同时间梦境内容的调查研究发现，夜初期的梦境通常都是围绕着人们现在的生活展开的，而随着夜色的加深，则会涉及很多过去的人和事。

难道在快速眼动期睡眠阶段剧烈的眼部活动预示着受试者也会遵循着梦中的行为，就如同他们在电影屏幕上的投影一般？早期由德蒙特进行的实验似乎预示着这就是事实，但在随后其他学者的研究中发现，眼部活动并不直接反映梦境的内容。

早期学者们当务之急就是弄清楚梦境中的影像是如何产生的，无疑，作为最强大的感觉之一，梦境是可见的。自19世纪90年代起，关于梦境内容的研究就昭示着几乎每个梦境中都具有视觉，而一半以上的梦境中都具有听觉。在其他感觉里，目前梦境中触觉和动作感觉的比例少于15%，而嗅觉和味觉几乎不会在梦境中存在。

其中一个最著名的实验是芝加哥大学开展的研究梦境中最开始的影像。继睡眠研究大师纳撒尼尔·克雷特曼退休后，生理学家艾伦·雷希特舍费恩（Allan Kechtschaffen）开始使用那个著名的实验室，一直到他在雅培会所拐角处的古老灰色大楼里建立起自己临时的梦境实验室。他会在其他办公室的人员回家后，让受试者睡在与自己实验室脑电图描记器相连的其他办公室内的折叠床上。雷希特舍费恩非常善于给他研究小组中的年轻研究者们营造良好的氛围，并鼓励他们异想天开但又不无道理的创意。他这种广博的心胸，以及求知欲和科学至上的态度，使得他在这个领域成为最受人尊敬的人物之一。一些科学报刊和观点想要通过他的严格审查并不那么容易，因此，也使得人们以获得他的认同为荣。在早些时候的研究里，年轻学者们经常提出一些新的假设，如先记录家庭主妇和学生午睡的梦境情况，再记录夜间的梦境情况，当然了，受试者也都是有偿地来配合这些周期性的唤醒和记录行为，这些假设会帮助研究进展得更加迅速。

"我们曾经有位受试者在接入脑电图描记器后开始抱怨所有的事——不喜欢这个环境，不喜欢电极，不喜欢丙酮的味道等。"雷希特舍费恩回忆道。当这个问题学生终于做好一切准备开始入睡后，雷希特舍费恩和他的助手返回实验室开始进行脑电图记录。他的助手有些打趣地说，这个问题学生在带给他们如此多的麻烦后，很有可能不会安然入睡。

他们并没有注意到那名学生房间的室内通话器是开着的，因此可以听到他们说的每一句话，雷希特舍费恩答复道："如果他不能在2分钟内睡着的话，我就电死他。"于是几乎在一瞬间，那个不停抱怨的问题学生就进入了一级睡眠阶段。

雷希特舍费恩又通过一个新奇的方法来测试是否从视网膜（清醒时将外界视觉信息传入大脑的桥梁）发射的信号参与了梦境中影像的制作。令所有人都惊讶的是，他成功地让受试者在眼皮半开半合的状态中进入睡眠。而在受试者进入快速眼动期睡眠阶段后，雷希特舍费恩就会溜入卧室，用一小束光源来照亮他摆在受试者眼前的东西，有可能是个小木梳、一本书或是一个咖啡壶。然后，雷希特舍费恩会离开卧室，由他的研究同事大卫·福克斯通过室内通话器唤醒受试者，并询问他们的梦境内容。没有任何受试者的梦中出现了眼前摇晃的小东西。虽然我们仍然不明白梦中影像到底是怎么产生的，但很显然，影像是由内部产生的，与外在并没有什么关系。

进一步的实验显示，在梦境中除了那些背景细节及颜色的清晰度和亮度有所减少以外，其他几乎与现实中的影像一模一样。大部分的梦境同样是充满色彩的，但出于莫名的原因，有20%～30%的梦境是黑白的。而在20世纪30年代到1960年前，一直追溯到亚里士多德时代，所有梦境中关于颜色的研究，无论是公众还是生理学家普遍的看法都认为梦境是黑白色的。尽管彩色照片早在19世纪60年代就已经被发明出来了，但直到20世纪40年代才成为大众化的消费品。与此相似，虽然彩色印片早在20世纪30年代后期就以染印法应用在电影中，如《绿野仙踪》(The Wizard of Oz)，但彩色电影直到20世纪50年代才变得普遍起来。

在这个时期，当生理学家们询问受试者有关他们梦境的颜色时，大多数人都不会承认他们能看到彩色。1942年在大学生中的调查显示，只有10%的学生声称自己频繁地在梦中看到色彩，而1958年在圣路易斯的华盛顿大学的调查中只有9%。但是1962年，这些受试者在快速眼动期睡眠阶段被叫醒并询问梦境的颜色时，83%的人承认他们的梦境是彩色的。伯克利市加州大学的教授艾利克·史维茨格勃尔说，"显然，当时黑白色媒体的盛行与人们普遍认为梦境是黑白色的观点的一致性并不是巧合。"他认为，这一奇怪趋势并不是因为梦境的内容经过这期间发生了改变，而是大众对于梦境的理解有所改变，更准确地说是消除了先前的误解。简言之，这与在犯罪调查过程中随着舆论介入而使得目击证词变得愈发不可靠的道理是相同的。

当许多研究者忙着揭开梦境神秘面纱的时候，其他人则在忙着研究梦境的基础、它的发生以及我们为什么需要睡眠等课题。艾伦·雷希特舍费恩和他的学生在忙着研发今天使用的睡眠划分标准的同时，还测试了当动物被剥夺睡眠后的情况。他们在老鼠身上进行了剥夺睡眠实验后，发现这些老鼠无一例外地在两三周后死亡。这些缺乏睡眠的老鼠们变得极度虚弱，甚至不能调节自己的体温，但这并不是唯一致死的原因。

与在动物身上做那些极端的实验不同的是，在人类身上我们仅仅做了剥夺快速眼动期睡眠阶段的实验，结果发现受试者在下一次睡眠时会自动补偿，也就是说进入快速眼动期的时间缩短，而停留在快速眼动期的时间加长。类似的情况在深度睡眠中也是一样的，因此可见，深度睡眠和快速眼动期睡眠都是最基本的需求。实际上，大自然已经为人类剥夺睡眠后致死原因提供了证据。一种被称为致死性家族性失眠症（FFI）的罕见遗传疾病，最早于1986年在意大利的一个贵族家庭中被发现，它的出现夺走了30个家庭成员的生命。自那以后，这种疾病先后出现在世界各地的30个家庭中。这种遗传睡眠紊乱的患者通常会在中年或者更早就丧失进入睡眠的能力。在这种病症呈显性后仅仅数周，这些无法入睡的致死性家族性失眠症患者脉搏和血压会急剧升高，同时汗流不止。随后，他们会丧失平衡能力、行走能力或语言能力，而且通常经过数

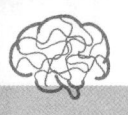

月无眠后，到达病症后期——陷入一种类似昏迷的状态中直至死亡。这种疾病严重地破坏了大脑中的丘脑部位（将感觉冲动传入大脑皮质的通道），而失眠患者或者丘脑的损害能否导致死亡，仍需进行更加深入的研究。

如同纳撒尼尔·克雷特曼当初在洞穴内地下室中做的实验一样，我们体内的生物钟（被认为是一组坐落在大脑中视神经交错处的细胞）决定着我们体温的升降、激素的分泌以及睡意的产生。值得一提的是，睡意的产生不仅仅是在夜间，通常在白天14～16时也会产生。因此，即使在没有外界刺激的环境下，如日升日落，或是暗示着入睡和清醒的循环时间等，体内的生物钟也会重复着它的"24小时"一周期的循环节奏，但生物钟在不同年龄阶段也会有不同的调整。在青少年阶段，我们不仅需要长达8小时、10小时或者更多的夜间睡眠时间，睡意的来临也要更晚些，这样就会助长早上晚起的欲望——因此毫不奇怪年轻人可以一直睡到日上三竿。而在人的生命中后期，睡眠开始被分割成片段，即使很健康的年长人士都会在夜间清醒数次。他们也许记不起来，因为清醒时间只有几秒或者更短的一瞬间，但这些都可以在脑电图描记器的记录上得到证实。这种间歇式睡眠会使得白天的睡眠时间加长，而这也正是老爷爷在谈话过程中会打盹这一思维惯式的由来。

另一个由梦境研究实验探索的关键问题是，快速眼动期睡眠阶段是否是只有人类才有的特有现象。德蒙特开始对猫的睡眠进行研究。猫成为20世纪30年代脑科研究的热门实验对象，并不仅仅因为它们的大脑结构与人类相似，较小的体积与低廉的开销也使得其成为简单方便的实验品。自从1960年法国神经生物学家米歇尔·朱维特（Michel Jouvet）证明了猫在快速眼动期睡眠阶段的脑电图与人类相似后，大规模的动物快速眼动期睡眠研究随之开展。之后的研究显示，并不是只有爬行类动物有快速眼动期睡眠，因此，对少数几种鸟类也进行了研究。而这些动物的快速眼动期时间间隔也各不相同，从短到40分钟的牛到长达7小时之久的负鼠不等。从整体上来说，掠食性的肉食动物在各个级别睡眠时间上的比重要多一些，而家猫和需要觅食的野猫每天花在快速眼动期睡眠阶段的时间则超过200分钟。对于这些变异的重要性，学者们并未达成一致看法。

早在人类还在子宫里时就已经产生了快速眼动期睡眠，并随着年龄的不断增长而改变。胎儿大约在 26 周大的时候就已经出现快速眼动期睡眠，并且持续 24 小时不间断。在新生婴儿期间，快速眼动期睡眠大约占总睡眠时间的一半，在婴儿 4 岁左右的时候开始稳步下降，当生长为成年人后稳定在 20%～25%。当我们进入中年后，快速眼动期睡眠时间开始继续缩短，在晚年时比例会减少到 15% 以内。

快速眼动期的用途对于先驱科学家们来说仍然是个谜，但由朱维特在里昂的小组进行的一个奇异的实验带动了他们灵感。朱维特通过外科手术断开了猫脑中控制快速眼动期状态使肌肉麻痹的那部分细胞的连接，他发现猫即使处于深度睡眠状态，在进入快速眼动期阶段以后，依然会起身对着假想中的目标进行捕食和攻击，而这些动作的持续时间通常会在 3 分钟左右。朱维特由此猜想，这些动物正是通过这一阶段的睡眠来提供在脑海中练习基本生存技能的机会，使其神经系统能够保持在巅峰状态——即使仅仅是对生存技能而言。也就是说，我们并不需要每天在清醒状态下练习保护自己的技能，在梦中也同样可以达到这个效果。在被连续剥夺了 3 个星期的快速眼动期睡眠后，猫从清醒状态直接进入了快速眼动期睡眠状态，并且整个快速眼动期阶段占据了总睡眠时间的 60%。而被剥夺 30～70 天快速眼动期睡眠的猫，其在清醒状态的行为也受到影响，会表现出不正常的饥饿、焦躁和性欲过度。

朱维特的研究成果使得美国的学者大受鼓舞，雷希特舍费恩于 1962 年邀请法国科学家参加在芝加哥举办的第二次专业学术会，第一次会议是在 1960 年，由他和德蒙特组织，为了规划梦境研究领域迅速发展出来的多门学科而举办的专业学术会。一年后，专家组在纽约聚会，在这次聚会上，一个长久以来被人遗忘的科学家出现了。"你是尤金·阿赛斯基？我以为你早就去世了呢！"在一个年轻学者偶然间看到他的签名时，这位快速眼动期睡眠状态的发现者重新走入了人们的视线。大多数的科学家以为阿赛斯基放弃研究的原因是他失去了对睡眠研究的兴趣，但事实上是由于家庭悲剧导致他研究生涯的中断。他的妻子在产下第二个孩子后精神崩溃，当时阿赛斯基还在芝加哥进行快速眼动期实验。在多次送入专门机构治疗无效后，他的妻子结束了自己的生命。而同样具有悲剧色彩的是，1998 年，当他从暗淡无光的大学教师职业退休后打算重返这一研究领域时，一场突如其来的车祸使他与这个世界诀别。

随着学者们不断在雷希特舍费恩和德蒙特发起的学术会上交流着观点，阿赛斯基创始的这个研究领域正呈几何速度增长着。"在学术会上，大家都试图保持对所有观点的兴趣，不论这个观点与他们的研究领域有多遥远，"大卫·福克斯（David Foulkes）回忆道："在这个小组里，除了个别人逐渐丧失兴趣以外，大家的交流与相处都显得非常融洽。"

为了保持这种旺盛的求知欲与广纳言行的精神，学者们遵循了言必信、行必果这一原则。在 20 世纪 60 年代早期的法国里昂，也就是朱维特进行创新性猫的睡眠实验的地方，在那些朝圣者中，出现了一个怀着雄心壮志的哈佛医学院的年轻精神病医师。这位才华横溢却固执己见，时而迷人时而粗暴的年轻人，注定要为梦境研究带来重大转变。

第二章

反弗洛伊德

那些于寂静之夜悄然闯入的梦境，
带着似是而非的幻境离开我们的大脑，
朱庇特主神从未将我们从天堂打落人间，
也从未有阴间的恶魔降临人间，
所有的所有不过是大脑的产物。
而只有愚人才会去徒劳无功地求解。

——乔纳森·斯威夫特《论梦》

在 J. 艾伦·霍布森（J. Allan Hobson）鲜明的记忆中，当其他同学惊讶于大学知识的浩瀚宽广时，他独自一人静坐在缅因州的一处湖畔旁，仰望着星光点点的天空，看向那些神秘的星系。"将注意力独独放在遥远的宇宙而忽略许多发生在我们眼前的难解事物是愚不可及的，"他回忆道，"而我受到启发是因为我想着为什么我们的大脑可以在形成宇宙内影像的同时还可以产生这些浪漫的感觉。"当时，霍布森的良师益友、教育心理学家佩奇·夏普（Page Sharp）开办了面向诵读困难学生的夏令营，而霍布森担任辅导员。夏普向这个从康涅狄格州哈特福德赶来的年轻人建议，要与自己的所学相吻合：要了解大脑的神秘，就必须要研究它。

当霍布森于1955年来到哈佛学习精神病学和神经学后，他成了弗洛伊德的追随者，不但对《梦的解析》这一著作有深刻的理解，同时也对弗洛伊德其他的作品了如指掌。尽管他英语课的结业论文集中在分析弗洛伊德和陀思妥耶夫斯基上面，但是霍布森在开始实习后的几年里，对弗洛伊德产生了怀疑，并对精神病学有了新的见解，因为他在学校所学的关于大脑如何运作的知识，

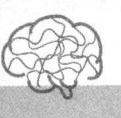

几乎在任何实践中都不能立住脚。

"在我们作为实习医生期间，会被当作精神病患者来对待——就好像我们提出的任何问题都是由某种神经功能紊乱所导致的。那是对我们和患者的一种摧残。"一个阳光普照的温暖秋日下午，霍布森在他秀丽的维多利亚家中解释道，而他在马萨诸塞州脑健康中心（Massachusetts Mental Health Center）的实验室距此只有短短几步路程。他列举了第一年实习期间研究会上发生的一起小插曲，哈佛精神病学部门主任杰克·爱沃特（Jack Ewalt）注意到，霍布森似乎相信神经系统学能够解释大脑是如何产生意识的，这被爱沃特认为是前途暗淡。当霍布森说他仅仅是知道但并不相信这一理论时，爱沃特给了霍布森一个心理分析学式的反应："你对我说话的态度就好像是对父亲。"而霍布森这位年轻的实习生给出了绝妙的应答："不是的，我父亲绝对不会给出这么愚蠢的评论。"

霍布森在实习期的最后一年里，从哈佛调到了全国卫生研究所，在那里开始了对睡眠的研究。而这一切都得益于弗雷德里克·斯奈德，一位在神经学实验室里进行快速眼动期实验的高级科学家，同时也是早期的睡眠研究学者。当斯奈德告诉霍布森他可以指出人们做梦的具体时间时，霍布森这个从不相信任何理论的人便说，除非他亲眼看到否则绝不相信。后来，在霍布森回忆这一切的时候说："当看到人脑电波反复波动的那一晚，我就被这一切深深地吸引了。"

霍布森怀念 1963 年在里昂与米歇尔·朱维特共处的一年时光。那些在猫身上进行的睡眠实验，恰好是他最渴求的那种满是荆棘的科学探险。朱维特认为，快速眼动期睡眠是一种反常睡眠，而做梦是"大脑的第三状态，与睡眠不同的是，睡眠属于清醒状态而做梦不是"。

霍布森对朱维特在猫身上进行睡眠实验很感兴趣，因为这些猫在前脑被外科手术移除之后依然能够进行快速眼动期睡眠。霍布森相信，通过微电极观察猫的脑干就可以弄明白这一切是如何进行的。微电极是一种能够检测单体细胞电脉冲的极小电极。于是他对朱维特声称并没有意识到这个实验的价值，随后，在那年实习期结束前回到了哈佛。霍布森在完成了马萨诸塞州的脑健康中心神经病学实习后，获得兼职从事动物实验的批准。1968 年，他在那里建立了自己的神经生理学实验室。

霍布森的另一个神经病学实习伙伴是埃里克·坎迪尔（Eric Kandel），坎迪尔在后来因为通过实验证明了神经化学在学习中起到至关重要的作用被授予诺贝尔奖。而当时正在从事蜗牛实验的坎迪尔建议霍布森研究简单生物体身上的快速眼动期睡眠情况。但除了哺乳动物之外其他生物身上的快速眼动期睡眠很难被记录和观察到，于是霍布森最终决定仍然用猫来进行实验。随后，霍布森与罗伯特·麦卡莱（Robert McCarley）共同进行研究，麦卡莱这位精通于计算机程序设计与定量分析的医学实习生同样非常痴迷于神经生物学。

霍布森，一个自诩为木匠和修补匠的学者，创造了自己的微电极对脑干进行研究的项目，这一领域的研究之前从未在活物身上进行过。霍布森和麦卡莱结合了他们各自的专长，通过在猫的脑干中植入微电极来识别产生电脉冲的个别神经细胞，并将这些电信号通过一个视听系统进行整合，继而使他们能够观察到猫在普通睡眠期间细胞的电脉冲。"麦卡莱和我可以轮番上阵，一个在实验室进行操作，另一个回家休息一会儿，但是我们通常都一同熬夜来记录脑干上引人注目的活动。我们很疯狂，我们的实验也处于走火入魔的边缘，但我们都清楚地知道我们正处于发现真理的边缘，而且除了我们自己之外，没有人认为我们能够找到它。"霍布森说道。

在这些人当中，哈佛的神经系统学家大卫·休贝尔（David Hubel）认为，霍布森追寻的是一个死局。休贝尔同霍布森一样使用微电极来研究猫的可视皮质，试图更好地了解大脑是如何产生视觉的。休贝尔与他的合作者托斯坦因·威塞尔（Torstein Wiesel）因为该项研究，于1981年获得了诺贝尔奖，该研究解释了视觉影像如何通过视网膜与可视皮质之间的互动产生。"休贝尔最初从事的是睡眠研究，但受到当时普遍看法的影响，他认为在睡眠时神经是不会进行活动的，因此改为研究视觉，"霍布森说，"当我们在使用微电极研究脑干遇到困境时，他认为我们会一无所获，所以毫不奇怪他会反对。"

当霍布森和麦卡莱最终于1977年公布了对梦境神经生理学的研究结果时，世界沸腾了，这一极具争议的理论有效地推翻了弗洛伊德理论依据和绝大多数关于梦境解析的心理学理论。根据研究观察到的脑细胞兴奋形态，霍布森和麦卡莱推断出，当脑干中的神经元大体上进行转变时便是快速眼动期睡眠开始之时。这一转变彻底地改变了大脑中神经调节器的平衡——这些关键的大脑化学物质如同信使一般穿梭于神经元之间，使接受神经内部产生化学反应从而活化或简化整个大脑。

当我们清醒的时候,我们的大脑正位于两个对保持清醒状态至关重要的神经调节器中:去甲肾上腺素(帮助我们转移和集中注意力)和5-羟色胺(含于血液中的复合胺)。尽管复合胺迄今为止最显著的作用是调节情绪(类似抗抑郁药的原理就是通过增强大脑中复合胺循环的数量来稳定情绪),但它同样影响着我们的判断、学习和记忆能力。而在我们入睡后,大脑中全部活动停止,上述两种化学物停止循环,转而为另一种神经调节器——乙酰胆碱取代。乙酰胆碱活跃在大脑中视觉、运动和情感中枢内,通过传递信号来引发快速眼动期睡眠和梦中的视觉影像。

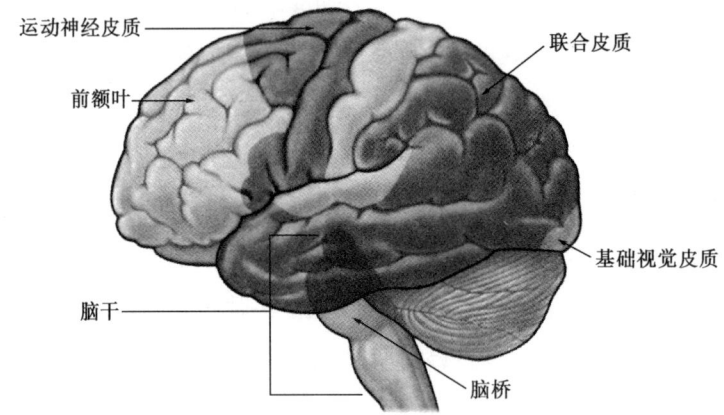

脑干中的脑桥部位负责做梦时睡眠阶段的开启;前额叶负责逻辑思维;基础视觉皮质为人在清醒状态下视网膜接收信号的接收站;而运动神经皮质将意图传递给实际的运动操作,比如跑步、投球等;联合皮质把从感觉和记忆中得到的信息串联起来,形成人在清醒或做梦时看到的视觉影像

Copyright © 2003 Nucleus Medical Art, Inc. All rights reserved. www.nucleu-sinc.com

图 2-1

这种乙酰胆碱充斥下的大脑运作模式与清醒状态下截然不同:运动神经被阻隔,因此我们实质上处于麻痹状态——在梦中无论如何努力,我们也不能够驾驶着汽车冲下山谷或猛踩刹车。随后出现的感官信息同样被关闭,从而使大脑持续传递着所有产生于它内部的影像与感官,使我们在梦中如同身临其境。霍布森曾言及在这种转换的状态下,大脑会对应脑干梦境的情节,从而随机地激发出强烈的感觉,比如这一分钟感受着极端恐惧,而下一分钟则感受自由落

体的滋味。霍布森和麦卡莱里程碑式的理论还指出，这些引发梦境的信号仅仅是被动地回应着较为原始的脑干和高度进化并拥有感知能力的前脑，因此，梦境并不具有"初始设想、初始意志或是情感内容"，梦境仅仅是响应脑干发出的混乱信号下前脑的产物，是"这一造梦工作最大功效的产物，但制造的梦中影像甚至都不连续"。

关于我们做出判断的感官部位，学术界仍有争论，但还需了解的是，我们造梦以及记忆梦境的能力都是十分有限的，因为支持整个功能运作的两个神经调节器，在人处于清醒状态之前都处于供应不足的状态。因此，我们会忘记绝大多数的梦境，仅仅是由于我们缺少足够的神经化学物质以在记忆中打下烙印，而不是有什么弗洛伊德式的检测员在我们脑海中不停地逡巡，以此来压抑脑海中禁忌的内容。

如同有潮涨就有潮落一般，乙酰胆碱的研究和快速眼动期实验热潮迎来了一段冷淡期，但霍布森和麦卡莱声称，正是这种在脑干中不断活跃的化学反应创造了梦，并坚称梦中并不包含任何隐藏的信息，就如同心脏跳动或是肺部呼吸一般，是由电化学反应引起的无意识运动。同时，霍布森否定弗洛伊德关于梦的解析理论。

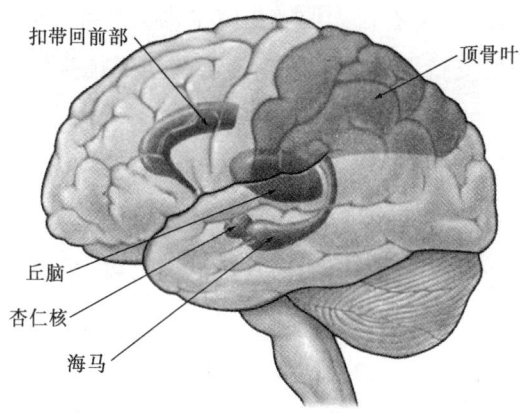

脑结构、或曰区域，在做梦过程中起着重要的作用。丘脑是传递感觉信息的门户，还帮助引导注意；杏仁核位于人脑情感系统的中心区，主管快速反应；而海马（脑内海马状凸起）在记忆形成中起着不可替代的作用；顶骨叶主要负责空间方位和脑中意象形成。还有研究结果表明，扣带回前部可能正是自我意识形成的部位

Copyright © 2003 Nucleus Medical Art, Inc. All rights reserved. www.nucleu-sinc.com

图2-2

霍布森拒绝了弗洛伊德的门徒卡尔·荣格（Carl Jung）关于共同无意识和宗教形式原始模型的想法，因为他没有那么多的耐心，但他十分认同荣格关于"梦境是一个大脑中进行的创造过程，任何梦境都是有意义的"说法。

这并不是说做梦是有意义的运动，事实上，霍布森自己把做梦仅仅看成是另一种无意识运动。他自1973年以后，将一些对自己意义非凡的梦境以及日趋精妙的工作心得，通通记录在私人日记中，如今这些日记已经超过120卷。但他坚持认为，每一个梦境的特征都是有迹可循的，在快速眼动期时与大脑的生理活动息息相关。他认为："梦境之所以很奇异是因为当我们不再处于清醒状态时，大脑转为化学反应引导的系统，而结果就是你不能再从纸堆中找到方法，你会产生幻觉，所有这些判断上的失误，感情上的失控如焦虑、得意洋洋、愤怒等，到头来你会忘记其中的大部分内容。"

在他看来，这些在我们脑海中产生的人物和情景来自我们的个人记忆和印象，因此，在这种混乱的电化学反应状态下，大脑拼凑起来的情景也许会是我们情绪的写照，或是这些写照反过来影响梦境的情景和内容。正是因为这些情景与我们的感情相感应，所以，我们可以很容易地推断出梦境的意味，而不用去解析梦中景物的含义，或是寻找叛逆的愿望以及压抑的记忆之类的东西。

弗洛伊德的理论是建立在已过时的生物学理论基础上的，因而，霍布森在他生理学理论证据的支持下，非常乐于抨击弗洛伊德学说，特别是在与会者大多是精神治疗医师的专家会议上与之展开辩论。如今霍布森回忆道，"我们全力以赴，相互抨击，并以此为乐，洋洋得意，结果我们成了彼此一辈子的仇人。"而且，他还承认"在光也许更有威力的地方创造了热"。

然而，他并不后悔，当他这一跨时代的研究结束时，他将自己重整梦境研究的成果以科学艺术小说的形式在波士顿展示会上公布，以《梦的舞台：多媒体对睡眠状态下大脑的描绘》(*Dreamstage: A Multi-Media Portrait of the Sleeping Brain*) 作为题目。而展示会中最引人注目的是演示睡眠实验的志愿者，透过单向镜，与会者可以看到他身上连接着脑电图描记器，记录脑电波、眼部运动以及身体的肌肉情况。与之前远在睡眠实验室研究时耗费大量纸张的记录方法不同的是，如今，记录脑电波、眼部运动和肌肉抽动情况都是由映在墙上的波浪状激光射线来显示的。其中脑电波由绿色射线显示，而眼部的运动用蓝色。同时，电信号也由合成器发出可转换的音调音频模式取代，其中大脑是由一首小夜曲来表示。

为了加强这种好似进入了卧室般的渲染效果，参观者在入场前须脱去鞋子方可进入这个铺着地毯、黑暗的展览室。"唯一反对这一提议的是那些精神病医师，他们指责我，说我有恋脚癖。"霍布森说道。

人们涌入了这间刊登在纽约《时代周日》杂志上的展览室。因其展览室大受欢迎，使得《梦的舞台》旅游版在第二年开展了始发于旧金山横跨美国6个城市的巡回展出。费德里科·菲利尼（Federico Fellini）——这位让霍布森为其梦幻般作品钦佩不已的电影大师对这一观点非常赞同，并告诉霍布森说，如果展览会开到罗马他愿意当展览室里睡眠实验的志愿者。然而，霍布森其他的科学界同行对此并不热情，并抱怨这种狂妄的做法已经脱离了科学的范畴，仅仅是提高他理论知名度的炒作行为。

"你有了知名度，而每个人都说你是自我陶醉，这多少会有一点儿，但你的观点得以广泛传播为人所认同，通过这种方式让人们理解科学，比你空口告诉人们要好得多，"霍布森说，"这是我人生的制高点，我一直想到马戏团中去。《梦的舞台》就是我的马戏团。"

当巡回展出结束后，霍布森利用巡回时使用的设备在马萨诸塞州脑健康中心的神经生理学部门组建了睡眠实验室，在实验室办公室的门里门外，挂满了巡回各地时志愿者的照片。但霍布森希望这种睡眠实验可以更人性化地进行，他的创造天赋再次使他发明了一种叫作睡帽的设备，可以让受试者在家睡觉的同时记录信息。睡帽是一种像大手帕一样的传感容器，通过它可以记录脑部和眼部活动，并及时发现快速眼动期的开始及结束，再将所有的信息传到一个口袋大小的记录器上。至此，招募睡眠研究志愿者逐渐趋于简单而且廉价。只要像海盗一样把睡帽这块大手帕围在你的头上，将后面粘贴的眼部传感器平放在一个眼皮上，就可以在你自己舒适的小床上记录信息，而不用长途跋涉到实验室熬上一整晚。这个装置还可以在传感器显示受试者进入快速眼动期时，自动使受试者清醒。

尽管所有的准备工作已经在动物身上完成，对于霍布森来说，最重要的仍然是收集梦境信息。在确信他和麦卡莱已经弄明白梦境产生的原理后，他想要找出代表梦境的形式特征：这种主要情感以及感受到的心理活动到底是什么？它们是如何在快速眼动期与大脑的运动层相联系的？它们与清醒时刻的认知有何不同？在他看来，做梦的显著特征——幻觉影像、散乱的叙述、不受控制的感情以及缺乏判断力或缺乏自我意识，这是在清醒状态下只有精神错乱的人才会发生的情况。同他的对手弗洛伊德一样，他希望这种对梦的理解能够帮助人们找到治愈心理疾病的新方法。

综上所述，尽管霍布森希望梦境研究能够带他达成心目中的神圣目标：揭露意识之谜，术语上称为"心理-生理"问题。他相信大脑每个状态——从做梦到各种清醒状态下的意识——可以用指定时间点的脑细胞活动状态来解释。意识不能超过物质，或者更确切地说，意识即是物质。自我、自由意志和其他崇高的感念最终都可以被归纳成为神经元间特别的兴奋形态。显而易见，这种观念与任何相信肉体和灵魂之类说法的人们信仰相抵触。这一观念甚至对于无神论者来说都难以接受，因为，他们认为在身体中存在着更内在的自我，而这是可以脱离大脑的自我意识。

霍布森以救世主般的架势宣布：我们的情感、记忆以及思想种种，仅仅是大脑在电化学反应下产生的类似于莫尔斯电码式的产物。他认为在睡眠和清醒状态间的过度，最能够说明大脑生理上的变化无疑能引导出生活中想法和观点的变化。

"一些人反对我，是因为他们认为自我是一种脱离身体，并且本能上不同于身体的意识。确实，很难想象意识是如何自大脑中产生，但更难想象的是它凭空闪现，除非你相信有一个上帝控制并管理着精神和灵魂。接受这一说法，是对于自身信仰的一个重大挑战，但没有必要因此而否定生命的奇迹。"霍布森如是说。

霍布森在这个意义深远的问题上非常幸运地得到了两位著名科学家的支持，当时，也就是20世纪80年代，他们刚好策划了展出计划来建立这方面的理论基础。心理-生理网络就是闻名于小儿麻痹疫苗研究的乔纳斯·萨尔克（Jonas Salk）和诺贝尔奖获得者物理学家默里·吉尔曼（Murray Gell-Man）脑海中的产物。他们一起在麦克阿瑟基金会工作，这个基金会为各种学科的边缘科学提供长期基金赞助。霍布森是第一个被他们两人引荐到小组中的科学家，成员们一年会晤 4～5 次来交流各自的研究心得。"我认为吉尔曼和萨尔克觉得，他们可以成功解决少数的生理疾病和感染性疾病，我们的小组当然可以搞明白心理和生理的问题，"霍布森说道，"我记得与吉尔曼在芝加哥会面时，我给他解释我想做的那种实验，他非常认同，因为这正是他们想做的。"

在 20 世纪 90 年代整整 10 年间，在麦克阿瑟基金会网络筹款的支持下，霍布森等人的实验室始终致力于识别梦境意识的特征，并追寻它们在大脑造梦状态下来源的具体生理条件。如果你梦见拼命地跑，但双脚却陷在流沙中，根据霍布森的研究，不过是因为你大脑发动机的活跃电流被随机的脑干电信号激活。这些电流就会命令你的身体奔跑，但又因为脑干阻止这些信号到你的腿部神经，这一感知在梦中的实现，就是你试图去跑但腿却被卡住了，所以把这些也导入到梦中的情景里去。

很明显，许多梦境伴随着强烈的情感，因为霍布森小组同样收集受试者在做梦过程中的情感资料。通过受试者的经历，他们发现有 3 种情感占据了所有感觉的 70%：焦虑是其中最常见的情绪，接下来是兴高采烈，最后是愤怒。至于其他的情感比如挚爱或是性欲、害羞或是负罪感，在梦中都很少出现，平均每种所占不到 5%。

这些现象都与霍布森的理论不谋而合，因为在快速眼动期间，由脑干引发的化学反应能够刺激大脑中的情感电流，特别是一种扁桃形结构，这种扁桃形结构负责身体的迸发或战斗反应。如果你在清醒状态下感觉到焦虑、恐惧或被拦路抢劫，可以确信，就如同当你在梦中梦见被追赶，或是出现在一场全无准备的期末考试中一样，你的扁桃形结构会呈现全体积膨胀状态。

同时，霍布森将他的注意力放在了另一个他认为是梦境的显著特征：奇异的特性。试想一下，为什么你的梦境开始于巴黎的一间酒店房间中，然后，突然变成了与你大学寝室十分相似的地下墓穴呢？为什么你在卧室中寻找相册未果，然后，没有任何过渡就变成了你和一个幼儿园的朋友在太空梭上旅行？根据霍布森的理论，这种与生俱来的奇异梦境的产生，是因为大脑在清醒状态下能够集中注意力，分辨真假，并与意识的逻辑连接，而在做梦时这些能力都会失效。因此，梦境被定义为奇异，是一种疯狂的状态。

"我们看到的和寻找的是由我们脑海所形成的，而且我们确信，梦境多少

都与快速眼动期睡眠相互关联。"霍布森说道。当快速眼动期成为最适合制造鲜明的、具体梦境的阶段时，学者发现的证据表明，大脑在其他阶段的睡眠同样编造梦境。探索非快速眼动期睡眠的科学家推断，梦境并不仅仅出现于每晚8小时中仅有的2小时快速眼动期睡眠阶段，同样存在于其他的时间里，虽然这些梦境有时会与白天的思维模式和心理状态相同，但多数时候都处于幻觉状态。这种类似梦境的幻觉甚至会在我们的注意力放松、沉溺在视觉或听觉时短暂出现。简言之，这说明越是感官高度的集中，大脑中思维起源的部分就越容易卷入梦境制造的过程中，而清醒状态和睡梦状态的界限也会变得模糊不清。

霍布森的小组通过进行清醒与睡眠状态下不同心理状态的实验，得出梦境其实与幻觉本性有关的结论。他们给受试者们装配仪器，让研究员可以全天候阶段性地观测受试者思维状态，不论他们是在搭乘地铁或是在办公室工作。在夜间，他们使用睡帽来收集从非快速眼动期睡眠到快速眼动期睡眠阶段的信息。这种样本共提供了1800份有效的资料，这些资料分门别类地记录着多种特征，包括情感深度、思想深度以及奇异程度等。从一个平静的清醒状态，到睡眠的初始阶段，再到快速眼动期睡眠，思维的频繁程度下降了4倍，而幻觉的频繁程度上升了10倍。

早在霍布森和麦卡莱公布他们非常有影响力的理论前十多年，生理学家大卫·福克斯就在芝加哥大学证明了梦境是可以被创造于快速眼动期睡眠之外的。他第一个研究演示的这些结果，成就了他1960年的博士学位。最初，福克斯同所有人一样，都认为梦境只产生于快速眼动期睡眠中，但是他想找出梦境到底最早产生自快速眼动期睡眠的哪个阶段。为确保全面，他在脑电图描记器开始显示快速眼动期之前就把受试者唤醒，询问他们有没有感觉到任何流经大脑的东西。他出乎意料地发现，超过50%的反馈表明，梦境甚至在进入快速眼动期第一阶段睡眠前就已经产生了，在随后的类似报告中更是达到了70%。"我放弃了寻找快速眼动期睡眠中梦境产生的地点以及方式，因为我根本找不到梦境停止的端点。"福克斯说道。

当然，关于如何定义"梦境"，是那些认为梦境只产生于快速眼动期睡眠的人士争论的核心。霍布森于1977年在美国《精神病学》期刊发表的引人注目的新理论大纲中，定义梦境为"一个发生在睡眠状态下，通常以十分鲜明的幻境、先入为主的视觉、奇异的元素……和一种认为这些影像发生时为真实的错觉为特征的心理经历"。而与之截然相反，福克斯将所有这些心理内容，有些可能是思想内容之类都划归为梦境。批评家们认为，非快速眼动期阶段的所谓"梦境"，通常远不如快速眼动期睡眠阶段来得鲜明或是更具有幻觉影像，更像是一种清醒状态下的思想过程，因此也没有什么标注为梦境的价值。

但来自纽约大学的认知心理学家约翰·安特罗布斯（John Antrobus）的证据表明，梦境并不是快速眼动期睡眠唯一的特征。他发现，当人们在早上醒得比平时晚的时候，通常做的梦更鲜明清晰，而且他们都可以将这些非同寻常的梦转述给其他人。一天里的这个时刻，是当我们快要苏醒时人体内的生物钟改变，导致了大脑大范围的激活。在这段时期，含有视觉影像的梦境会比平常来得更加明亮、清晰，通常更加详细，而且并不仅限于发生在快速眼动期睡眠阶段。"如果一段梦境与快速眼动期睡眠有独特的相互联系，并不一定能说明问题。"安特罗布斯说道。

毫无疑问，典型快速眼动期睡眠中的梦境平均比非快速眼动期睡眠具有更长的时间以及更详尽的情景，这一论点在1963年被艾伦·理奇菲查芬（Allen Rechtschaffen）和杰拉尔德·沃杰尔（Gerald Vogel）收集的两份研究报告所证明。下面是一位处于慢波非快速眼动期睡眠阶段清醒的受试者对于他的梦进行的描述：

> 我梦到我正在为了某种考试进行着准备。这是一个非常短暂的梦，那就是所有的内容了，而我并不认为我为考试而担忧。

同样的受试者在快速眼动期睡眠的深夜被唤醒。尽管受试者对于梦境内容的描述与之前十分相似，但在长度和细节上有着很大的不同：

> 我梦到了考试。在梦的早期我梦到刚刚完成考试，外面阳光明媚，我与一个同班的男孩一起散步。这是下课时间，有人谈及一个年级进行了社会科学的考试，而我询问他们社会科学的成绩是否出来，他们说已经出来了。我并没有拿到我的成绩，因为我请了一天假。

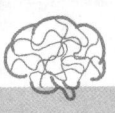

当证实了快速眼动期阶段的梦境比非快速眼动期更长、更富有感情、更多彩后,福克斯同安特罗布斯一样,发现在夜间来自非快速眼动期的梦境比快速眼动期睡眠阶段的梦境更加难以识别。下面的例子是一个在快速眼动期最后阶段25分钟后被唤醒的受试者对梦的描述:

我跟我母亲待在一个公共图书馆中。我想让她为我偷点东西,我试图回忆一下是什么东西,因为那是件不寻常的东西,好像是图书馆里挂着的野牛头。我早前告诉我母亲,说我想要那个野牛头,她说好的,我们会看看能做些什么。然后,我们相约在图书馆里见面,而这个图书馆建在一个博物馆中。我记得我告诉母亲让她压低说话的声音,但她反而说得更加大声。接着我说道,如果你不这么做的话,你永远不可能拿到野牛头,每个人都会转过身来看着你。然而当我们来到悬挂野牛头的地方,发现它被许多奇怪的东西围绕。这里有件上世纪初小男孩穿的工作服,随后一个图书馆的女职员来到我面前说:"亲爱的,我不能卖出这件工作服。"我记得我告诉她说,"那你为什么不穿它呢?"为了某种理由我不得不离开我母亲,然后,她独自完成野牛头窃取计划。最后,我离开了图书馆来到外面,有很多人坐在草地上欣赏音乐。

当一屋子心理学家就如何阐释这个梦境而争论不休的时候,大家都认为把它从典型的快速眼动期梦境区分开是十分困难的。随后开展的研究显示,至少5%~10%的非快速眼动期梦境与快速眼动期梦境相同,尽管这些印象鲜明、故事般的梦境都发生在大脑高度活跃的快速眼动期睡眠阶段。

与霍布森相同,福克斯对弗洛伊德《梦的解析》和其他梦的解析不具信心。他相信我们经历的梦境是两个独创性发展巧合的产物:快速眼动期睡眠阶段的浮现以及人类意识的变化,这种变化刺激了大脑接受任何可接受的信息。当大脑中用于"编织故事"的部分被激活后,如同它们规律性地在快速眼动期睡眠阶段中运转一样,就会不由自主地创造出梦境。

然而,关于梦境内在本质的看法,福克斯与霍布森不尽相同。起初,福克斯非常认同约翰·安特罗布斯的说法，就是说梦境并不是生来就显得如此奇异。他认为，人们之所以认为所有梦境都是奇异且充满幻觉的，是因为我们在清醒后所记得的往往是那些充满强烈感情或是显得奇异的片段，而在我们睡眠中占据大量时间的那些平和的、更加真实的片段通常不会为我们所回忆。

福克斯的这些观点建立在从自己睡眠实验室得来的证据上，他认为，自己的这种设计是收集梦境资料的最佳方案。当睡眠研究室内的研究者们开启了受试者身上的脑电图描记器后，他们将受试者在快速眼动期睡眠中期和非快速眼动期间分别唤醒，由此收集得来的许多反馈确实显示这些回忆大多是奇异的幻想片段或是情景的突然转折。福克斯认为，这就如同一个车祸目击者在车祸结束后立即回忆目睹的情景，要比数小时后再回想起的细节精确得多一样，在夜间被唤醒后即时的回忆，要远比早上清醒后对夜间梦境的回忆可靠得多。一个真正具有代表性的夜间梦境报告样本，应该是用这种真实准确的方法将大部分相关的情景回忆穿插起来的报告才对。

福克斯同样推断，这种我们已知的造梦过程也就是大脑高度活跃的过程，应该远比我们假设的发展时间要晚。他的这一结论是由儿童的梦境研究谨慎推断而来，这一研究引领我们更好地了解了人类意识的发展。如同他在《儿童的梦境和意识的发展》(*Children's Dreaming and the Development of Consciousness*)一书中提道："梦境对于我们来说是不可见的，但我们必须以某种方法来使它变为可知。你要能够在最初始的瞬间以及随后的片段里受到刺激，由此产生的实际意识不是由已知的感官信息来支持，而是由一种未曾体验过的感知来支持。"

福克斯突破性的儿童梦境研究是缘于他非常偶然间产生的想法，这是他在芝加哥从事成年人梦境内容研究实验的衍生体。最初，他通过在睡眠期间播放暴力影片来观察对成年人梦境的影响，稍后，他开始观察儿童在睡前观看暴力电视剧以及《丹尼尔·波恩》(*Daniel Boone*)等非暴力电视剧的片段对梦境的影响。尽管他发现这些电视片段对于儿童梦境的内容并没有什么太大的影响，但他意识到了一个更加有趣的研究角度："我忽然间豁然开朗，意识到我一直试图研究的这些病态电影对儿童梦境的影响是多么愚蠢，因为我们甚至不知道儿童梦境的基本内容特征，没有人进行过主观实验来描述它们。"福克斯说道。

梦是如何思维的

当福克斯在怀俄明州大学任研究人员后,他建立了睡眠实验室,通过报纸广告招募的儿童为受试目标,开展了一项被认为是人类梦境研究前所未有的睡眠研究计划。这个研究最初于1968年开始,由14人一组的3~4岁儿童和16人另一组的9~11岁儿童组成受试目标,为此,大龄组的4个儿童专门搬出城镇,所有的儿童都在这个研究中充当了5年的受试者。每一年的9个夜晚,他们都会来到实验室,在那里,他们会在夜间被唤醒3次,主要集中在快速眼动期睡眠阶段。

卧室挂满了海报和玩具力求舒适,他们的父母有时会来陪伴他们入睡,但绝大多数时候,福克斯会充当他们的代理父母,给他们读睡前故事,并在熄灯前拿水给他们喝。尽管其他研究人员通常在岗,福克斯仍然亲自不停地询问被唤醒的儿童关键性问题:刚刚发生了什么?询问他们是否在做梦之类的问题,这关乎他的研究结果,同时他也需要不时反省,以把握这些问题是否超越了儿童的能力范围。他认为儿童们非常简单的客观描述,就好像在描述刚刚坐在车里逛马路透过车窗看到的影像一样。

福克斯在一年内进行了几次儿童在日间阶段清醒状态下的认知能力测试。为了从儿童身上收集到这些资料,他在前3个夏天里进行了2周的医学课程,来近距离观察儿童的玩耍和与他人交流的行为。"我们想要囊括所有与梦境有关的夜间行为,并与儿童白天的行为状态相比对。"他说道。

他的发现令人震惊,因为它们颠覆了所有已知的科学家和父母关于儿童梦境本质的理解。福克斯的资料显示,9~11岁儿童的梦境,无论从模式上还是从频率上来看,都与成年人的大不相同。当他在实验室将儿童唤醒后,儿童快速眼动期睡眠阶段梦境的回忆率仅占30%,直到9岁以后,这个比例才慢慢上升到成年人的80%。意义更加深远的是,儿童梦境的内容与成年人截然相反,是随着时间展开的连续情景。

5岁以下儿童的梦境多是由短暂、温和的静态影像组成,比如他们通常会梦见动物,或回放白天的行为如睡觉或进食等。其中比较具有代表性的是一个4岁男孩迪安关于自己梦境的描述:

我在浴室内入睡。

我在可可店铺入睡，在那里可以获得可乐。

5～8岁儿童的梦境变得更加复杂，开始有连续的动作，也与人物开始交流，但儿童自己直到7～8岁以后才能够比较规律地出现在梦中。以6岁时被唤醒的迪安为例，在他给出的报告中体现出了这个阶段心智发展的特征：

一个芭芭拉湖边的小屋。当我望向里面，我发现它非常的狭小。弗雷迪和我在附近玩着几样玩具和有趣的东西。

在迪安8岁时，他的梦境情节变得更长，并且他在里面扮演了更加活跃的角色：

我的家庭——我姐姐和我妈妈和我在去滑冰的路上。我们乘飞机前往，我可以看到飞机以及机场形形色色的人群。然后当我转身后我搭乘了错误的航班，直接将我载到了奥林匹克运动会。我到达后非常的担心，因为我错过了航班。我可以看到奥林匹克运动会上的人，他们手举火把，一边滑着雪一边大吃大喝。

福克斯还发现，儿童在11岁以后会发生转变，也就是他们的梦开始像成年人一样反映出个人关注的问题以及情感的指向，这一点从迪安的姐姐艾米丽在12岁时的报告可以看出：

我在车上和两个朋友一起，同时还有另一个女孩和她的法国母亲，由她母亲开车载我们回家。她与我们谈话时操着一口法国口音。路上有件东西，我告诉他们是我的颈饰掉在了外边的路上。所以我们停了下来让我的朋友去捡。后来在车里出现了另一个人，是女孩的父亲，他把她留在了路中央，然后把车开走。我们在车里只是相互看着对方，揣测着。在梦的最后，我对于她父亲把她独自留在街上的做法有点儿兴奋，同时又有点儿生气。

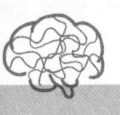

　　批评家们反对福克斯的结论，他们认为，在睡眠实验室收集而来的资料可能没有在家里的真实，会产生偏差。因此霍布森神经生理学实验室的一组研究员做了一个在家进行的实验，从14个4～10岁的儿童家长手中收集了88份有关梦境方面的报告。家长们被告知，这项研究的目的是观察儿童梦境的性质和发生频率，因此，他们不用对孩子施压来催他们报告，尽管前5个夜里，孩子们都被指导在入睡前暗示自己会记得梦的内容。经过13个夜晚连续不断地观测，家长们使用一个微型记录器来记录孩子们梦的内容，其中有些是在早晨被唤醒的，有些甚至是在半夜。哈佛的研究结果表明，这些儿童的梦境内容无论从长度上、特征上、情节上或是奇异的品质上都与成年人的十分相近。因此，研究员们推断："因为大多数产生梦境的心理状态只会出现在熟悉和舒适的环境中，因此，很大程度上暗示了睡眠实验室也许不是这些实验的最佳资源采集地。"

　　作为回应，福克斯声称，那些来自波士顿科德角区懂行的家长们深知这项研究结果对孩子的影响。"不难想象，这些剑桥区的医生和律师希望看到他们的孩子在任何想象力的测试中都会表现'良好'时所感受到的文化压力。"他说道，"同样的有着明确条款的研究组带来的明确压力，更会使得研究结果失真。"福克斯自己也从事过类似实验，来证明在家实施和在研究室实施收集梦境信息的方法，其结果不论是内容上或是回忆片段上都没有什么不同。

　　其他质疑福克斯关于儿童梦境研究结果的批评家们则认为，儿童梦境的内容之所以如此短小和平凡，是因为儿童不成熟的叙述和回忆技巧导致的，换言之，就是缺乏精确描述梦境内容的表达能力。但根据福克斯对儿童白天认知能力的测试表明，那些经常汇报梦境内容的孩子并不比那些少报告的孩子拥有更好的记忆、更大的词汇量或更强的叙述技巧。相反，那些经常报告的孩子，都是在空间视觉测试上成绩较好的学生，比如最标准的测法是展示一幅彩色图片，然后让他们用积木重现。福克斯发现，视觉想象力是逐步发展的，并且是做梦的首要条件。

　　他的观点无意间被研究组中两个孩子的表现所证明，这两个11～13岁组的男孩很少在快速眼动期被唤醒来进行报告，尽管他们在学校中的记忆和口述能力都处于中等水平，但他们在积木设计上的测试成绩却惨不忍睹，也就处于 5～7 岁年龄的水平，"在他们关于梦境的报告里甚至比 5～7 岁的孩子还来得清晰鲜明，这不可能是儿童在做梦后没有记起或是没有很好地描述，更像是他们并没有做梦或是做印象深刻的梦。"福克斯说。

福克斯认为，那些低于 5 岁的儿童缺乏视觉空间识别能力，这一观点得到了他妻子、认知心理学家南希·克尔主持的盲人梦境研究的理论支持。在 5 岁前失明的孩子很少能在梦中梦见景物。那些在 5～7 岁失明的孩子有时仍能梦见景物，而那些在 7 岁以后失明的孩子在梦中形成视觉影像的频率与正常人一样，他们在清醒状态下也可以形成视觉影像，比如可以依据失明前看过的景物在脑海中组成精神图像。自从福克斯发现 5～7 岁是梦境形成的关键阶段，他就认为，是这期间大脑逐渐不再依赖直接的知觉感官而能够独立制造视觉影像。福克斯说："做梦关乎的绝不仅仅是我们如何看待眼前的事物，还有在看不到它们的情况下我们是如何能够考虑人、目标和事物的。"

当然，如果用这种方式将使得盲人在彻底丧失视觉能力的情况下同样能够形成视觉影像。心理学家雷蒙德·雷威尔在 25 岁时失明，回忆起刚失明的时候，他梦中影像的清晰程度与质量与他失明前没有区别。"能够在梦中视物使我初次认识到了视力和影像之间的不同。影像是从我的视野里整理想象而来。"他说道。

雷威尔还说，在失明超过 30 年后，在梦境中他成了一个盲人，而梦中绝大多数的影像都是他在清醒状态下想象出来的图案。"我可以形成我从未看过或是从其他感官得到的人或物的图像。比如，我从未看到过我的孩子，但我非常清楚地知道他们的样子，而当我做梦时，我就会梦到他们。"但当他梦到过去他成长的地方和他失明前的经历时，这些视觉影像则有本质上的不同——这与他失明前的清晰度和质量是相同的。他指出"大多数梦中的影像是独立的，而当你变老后，越来越多的记忆堆积会形成记忆盲区"。这些鲜明的梦境会唤醒数年前发生的记忆盲区，而这种情况通常只会发生在他清醒状态时受到强烈感情刺激或是不按常理行事的时候。

他回忆起在一个梦中，他还是个跟爷爷一起漫步沙滩的 11～12 岁小男孩，他非常清楚地看着来往人群的面孔，特别是其中一个戴着亮晶晶黑耳环，

穿着蓝色泳衣的漂亮女人。他和爷爷停下来吃比萨，而在他们等待食物凉下来的时候，爷爷兴奋地说看看来的人是谁。"我非常确信他指的是一个来自我们家里的人，但当我看过去的时候，景物突然静止下来，然后我意识到了那是一个梦。"他说，失明前的梦中回忆都是非常欢快的影像，但正是这种感觉使他在清醒后备感忧伤。他还补充说："然而，能够感受到重现光明的感觉对精神上重塑影像的心理具有非常重要的激励作用。而且，这还让人知道神经的支柱还在。"他认为，梦境对于他闯荡新环境和视觉影像能力的培养也起到了关键的作用。如果他不得不记忆去牙医新办公室的路径时，最终会做一个他称为温故的梦，在梦中，所有他在第一次前往时接收到的听觉和感官信息都汇合在一起，形成一个精神指引，指出去新地方的路径。只有他在温故的梦中"看"到路之后，他才能够轻车熟路地掌握这些路线，就如同在家一般闲庭信步，与常人无异。这种类似的梦还有助于巩固其他的新视觉影像。"当我的女儿把她的头发剪短时，我用手去感受它、欣赏它、赞叹它。然而，当下次她再出现的时候，在我清醒的状态下，我仍会下意识地认为她还是一头长发的形象。但是，当我有一次在梦中见到她的新发型后，她再出现在我心目中的形象就是短发了。"他还提及其他儿时失明的盲人都有着相似的梦境经历。

从儿童梦境的研究结果中，福克斯发现了视觉显现能力与儿童逐渐产生的失明之间的依存关系。然而，给他震撼最大的是如何在儿童的梦境中显现出连续主观的自身角色。他发现有神经心理学证据显示，如果不能在梦中制造一种指定类型的影像，那么，我们也不能在清醒状态下制造出这种影像来，这一发现无疑引人深省。它指向一个惊人的可能性，就是直到儿童 7 岁前，他们都没有自我识别的意识。心理学家们通过询问儿童"他们是否还是在婴儿时期的那个人，或是如果他们换个名字后会不会成为另一个人"之类的问题，来检测这个结论。"在诉说梦境的时候，他们仅仅是告诉我们梦境的流程和情景，他们并不能通过心灵之眼来演示，"他说道，"而最好的情况是他们能够告诉我们，但甚至连他们自己都意识不到这些。"

在 20 世纪 80 年代中期，福克斯在亚特兰大爱默里（Emory）大学任职，并在政府的心理健康机构建立了自己的睡眠研究室，对 5～8 岁的儿童开展另一项睡眠研究。他想要尝试看看是否能在意识自我识别的发展中成功转接第一个研究结果，他做到了。

在总结了儿童梦境提供给我们的信息之后，福克斯说："意识并不是生来就如同华丽绽放的花朵一般，而是与我们一样并没有与生俱来的成熟，与我们一样要不断学习、成长。意识的显现过程十分漫长，它的形成过程甚至可能得等到上学以后。随着自我表现意识的出现，体现在梦中，是以自己的形象作为其中一个角色而出现，同样，自我感觉作为梦中经历持续下去，人类个性随之形成。我们做梦是因为我们已经形成了意识。"

尽管福克斯试图通过分析儿童梦境，来了解意识其他主要特征出现的时间，以此进行更深一步的探讨。但在1991年，支持梦境研究室运作基金的撤销粉碎了他的希望。在找不到其他资金支持实验的情况下，福克斯的实验生涯就此中断，他在俄勒冈州黯然隐退——这一举动被睡眠和梦境研究的先驱者艾伦·雷希特舍费恩称为是这一研究领域非常遗憾的损失。他认为："福克斯是我仅见的思虑缜密、才思敏捷的研究者，而他的研究应该带给我们更大的冲击。"福克斯在研究领域的脚步随着政府对他研究基金的撤销而步入终点。他说"为此我不得不隐退，而我也意识到一种趋势，因为如果你不去迎合神经科学的时下之风，你只能与你所心系的科学无缘"。他所抵制的这种主流研究，仅仅是神经逻辑学对梦境的解释：大脑接受脑干处的随机信号并使之有意义。"在基础心理学睡眠梦境领域，研究的支持者少得可怜。"福克斯无奈地说道。

其他学者的兴趣更多是在梦境内容或是梦境的心理学方面，福克斯认为，这与霍布森广为人知的理论影响了梦境研究不无关系。比尔·多姆霍夫（Bill Domhof）是一名加州圣克鲁斯大学的梦境研究员，他认为，"霍布森建立了他的理论并成了反弗洛伊德派的代表，这使他一举成名，但也使事情变得极端。他成了真理的代表，另一方面的研究却被人视为非科学，使得诸如福克斯等人消失在人们的视野中。霍布森获得了名望和财富，形成了一个有势力的强大领域。"

面对这些批评，霍布森认为，成为反弗洛伊德的代表当然会引起人们的注意，但他并不认为这些名声可以帮助他获得研究资金。事实上，自20世纪80年代，在那些掌管基金的管理者们将失眠的研究放到首位后，投放到梦境研究领域的资金就开始逐步枯竭。霍布森说："福克斯那些人真正为之疯狂的是

他们的实验室被关闭，而且失去政府的准许与认同。我并没有那么做，但（美国）卫生研究所确实是那么做的。"同时，他还否认是他排斥了梦境研究中心理学的重要部分，相反，他对心理疗法极具信心，只要这种疗法是适合的——也就是说，他认为心理分析除外。

事实上，他的1977页论著在心理疗法领域阐述得非常明确——虽然，在梦境领域的主要推动力是生理学而不是心理学，但这并不意味着梦境是"没有心理学意义或功能的"。

认知心理学家约翰·安特罗布斯提出了一个更宽泛的观点，他认为，即使是霍布森和麦卡莱的理论也不能解释究竟梦境是如何产生的，但他给予霍布森高度的赞扬，因为他通过记录脑干的神经活动，确认了在快速眼动期和非快速眼动期睡眠交替期的作用，尤其是在脑层结构还未被人们所关注的当时，不能不说是个创举。"这就是大脑，它看起来似乎在夜间的20%时间里也是清醒的——脑电图描记器记录的影像是清醒状态下的信息，"安特罗布斯说，"这你又如何解释呢？我们并不知道是脑干的作用。是霍布森和麦卡莱指明了是什么在大脑中运作着，并表现出了清醒状态下的特征。这是霍布森研究的重大贡献。"

但真的是脑干创造了梦境吗？这一假设即将受到一个好奇心旺盛的名叫马克·索姆斯（Mark Solms）的年轻人的挑战，与霍布森非常相似的是，他也是一名坚定的研究者，敢于在科学的立场上质疑那些权威。同时，使得科学辩论更加有趣的是，他是一名心理分析学家，而且是弗洛伊德坚定的拥护者。他采用前所未有的方式——通过科学技术来捕获大脑梦境行为的研究，帮助人们重新建立了弗洛伊德派理论和神经心理学理论之间的联系，并发觉了夜间大脑运作的更多秘密。

第三章

本性的实验

也许挡住路的仅仅是弗洛伊德的鬼魂而已。

——艾伦·布劳恩

当年在非洲纳米比亚地区遥远的一个小村落里长大的马克·索姆斯和他的哥哥李是形影不离的，因为他们是村落里唯一说英语的孩子。随后，他们迁移到非洲西南方的前德国殖民地，因为他们的父亲是钻石巨人德比尔斯（DeBeers）的主管，那里含有大量的钻石矿藏。然而，当6岁的李从他攀爬上的屋顶摔下去脑部受伤后，不仅仅是他的命运从此改变，还有他的弟弟马克，这一变故同样地改变了马克的一生。

"如今回想当时，我相信是哥哥的遭遇引领着我以一种独特的方式来学习神经科学，因为我想要去了解人们究竟是如何由他们的大脑功能组织运作的。并不仅仅是在大脑认知方面，诸如我们如何学习，如何说话，或是如何阅读，还包括大脑是如何赋予我们人格、感官和自我。"索姆斯说，"人究竟是怎样从这么一块组织形成的，而我的哥哥作为一个人，又是如何因为那部分组织受伤而彻底地改变？"正是研究大脑具体领域受伤后对行为的影响，使得马克·索姆斯解开了新的梦境谜题。

尽管马克目前定居在南非，但他仍定期前往纽约的心理学中心，与神经学家和心理分析家们交流研究心得。在尤伯东部旅店的餐厅用完早餐，索姆斯讲述了他如何将梦境当作是研究大脑的窗口。

在20世纪80年代初期，作为南非约翰内斯堡大学神经学专业的一名学生，索姆斯发现，他所学到的仅仅是大脑的表面结构，除此之外，没有什么更大的问题引起他的兴趣。直到在他朋友的劝说下参加了一个弗洛伊德梦境理论

的研讨会，这个研讨会并不是由一个科学家而是一个医学史的教授主持的。研讨会的讨论围绕着弗洛伊德在19世纪后期的一份手稿展开，弗洛伊德在手稿中推测，大脑机制的运作可能是梦境形成的基础。"我的大部分朋友都置身于艺术、历史和哲学领域，而我进行大脑研究，在其中异常另类，因此，他们非常兴奋能够在他们的世界里找到一个适合我的研讨会，"索姆斯回忆说，"我非常痴迷地聆听这些关于脑功能制造梦境的构想——有远见的思想，配合着强烈的情感——所有关于活着的生命等意味深长的话题，这些都是我未曾在神经学领域中见闻过的。"

因此，为了攻读博士学位，索姆斯决定追随弗洛伊德的脚步。而弗洛伊德关于梦境猜想的神经学基础所依赖的一系列知识如大脑的运作模式等，自他于1895年公布理论著作《科学心理学的规划》(Project for a Scientific Psychology)一书后，有了令人耳目一新的变化。作为初学者，索姆斯详尽地研读了霍布森所研究的关于"快速眼动期是由来自脑干的信号引发梦境，更加进化的前脑仅仅是使随机产生的混乱信号起作用，并接受已经产生的梦中幻觉影像"这类理论。尽管索姆斯说，他认为霍布森的1977页论著是"不必要的、破坏性的堆叠在一起的纸片，使得弗洛伊德的研究成果比它本来看起来更加荒谬"，但他从没有打算推翻霍布森的理论模式。索姆斯说，"霍布森的观点是关于大脑如何产生梦境的。这一理论主导着这个研究领域，而我仅仅是这个领域的一个初学者，所以，我没有理由来质疑它的基本原理。我所主张的，是在更具体的细节上来阐述前脑究竟是如何处理那些从脑干发出的梦境，并且激活神经脉冲的。"

索姆斯已然开始了成为弗洛伊德学派的学者和心理分析领域领导者的行程。他怀疑梦境的产生过程比霍布森提出的理论更加复杂。如果索姆斯可以查明这些大脑中高度进化的部分是如何在造梦过程中运作的，那么，他也许能够证明弗洛伊德对于梦境的猜测是正确的——梦境收集我们童年到现在的记忆，并且标志性地表达我们内心生活的强烈情感。

这位年轻的研究者通过进行神经解剖学上的研究，开始了他的求索之路。索姆斯先后在约翰内斯堡和伦敦医院的神经手术部门工作，有机会接触并了解每位患者的大脑伤害类型，观察是否是由撞击、肿瘤或是如他哥哥那样的外伤

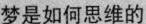

而引起。他询问每位患者是否有任何伤病影响了他们的梦境。他的这种询问方法几乎立竿见影地收到了成效：他检查的第一位患者声称自己不再做梦。那位患者的脑部顶叶受到损伤，顶叶是大脑连接多种感官信息模式，以使我们形成空间方向感和心理影像的重要组成部分。这一部分功能允许我们在日间可以做白日梦，幻想我们在南非美丽的沙滩上休憩，幻想我们步往银行的道路，或是想象我们如何改变时空来重组一个厨房。

随着他碰到顶叶受创患者的增多——所有的人都声称他们停止了做梦，因此，索姆斯浏览了医学史，并且发现早前那些顶叶受创者的报告中所有的情况都指明同一结论。所有这些都对索姆斯有所启示，都与霍布森的理论相吻合：脑电图描记器记录显示这些患者依然在进行快速眼动期睡眠。因此，索姆斯推测，在快速眼动期期间脑干的信号依旧正常发送并被转换，但是，没有梦境发生仅仅是因为接收信号并产生图像的前脑被损坏的缘故。

但真正让索姆斯大吃一惊的是另外两个患者的情况。大多数脑干受创的患者没有保留足够的意识来报告他们到底做没做梦，他发现有一小部分患者声称他们仍在做梦——如果依照霍布森的理论，这应该是不可能出现的现象。"我开始怀疑，为什么这些因大脑受创本该停止做梦的患者却没有停止。"他说道。因此，索姆斯再次查阅了医学史，他认为，就算自己没有发现这类患者，那么，当然可以从其他已经公布的报告中发现。但他没有发现任何一例。"我彻底震惊了，"他回忆说，"如果你主张一个具体的大脑结构体现了一个具体的功能，那么你必须能够显示这个结构的损害必将导致这个功能的丧失。"

与此同时，所有关于梦境的早期理论都变得疑点重重。随着索姆斯对于先前成果的研究，他读到了大卫·福克斯和杰拉尔德·沃杰尔关于夜间快速眼动期第一阶段前主要清醒信息的研究报告，以及约翰·安特罗布斯关于在清晨或其他非快速眼动期阶段出现鲜明梦境的研究报告。"当我发现快速眼动期与梦境并不是密不可分之后，我就开始猜想，也许这整个过程不是由脑干主导的，而是前脑。"他推测，快速眼动期确实是当脑干中充满了神经传递素与乙酰胆碱后与之接通的，就如同霍布森为我们展现的一样，但梦境本身只是一个发生于大脑中更高级进化部分的机制被激活后的完全独立过程。

如果这个猜想是真的，通过生理学的基础将梦境理解成为一个精神过程，这个过程不是单单由脑干发出的随机混乱信号发起，而是由更加复杂的大脑中的结构发起。在索姆斯看来，这不仅从科学角度证明了梦境内容的古老魔力，同样说明了弗洛伊德梦境理论的超前性。如果梦境和快速眼动期睡眠是两个各自独立的进程，各自有它自己的接通方式，那么，非常可能梦境可以由脑部的激活部分发起，并按照弗洛伊德所说的，表达了我们最深层的愿望和恐惧。如果前脑部位与记忆信息密切相关的话，那么按照弗洛伊德所构想的，这些梦中出现的人物、情景和行动都是由做梦人的个人经历，包括已经不能主动回想起的早期童年生活抽取而来。

索姆斯关于梦境和快速眼动期是被大脑不同部分引导的独立过程这一推测很快得到证实，在他发现第二个未曾预料的样本出现后，他又发现了另一组脑前叶中部的深入部位左右都受创的患者停止做梦的报告。这一部位的组织叫作白质，因为在它厚厚的白色表层上满布神经网络，使神经信号可以非常迅速地传递很远的距离。一个患者被刀划伤眼睛，从而穿透了大脑中间部分的两侧，同时，这一部分的一种叫作蝶形神经胶质瘤造成了其他损伤。之所以叫蝶形，是因为这个神经胶质瘤的形状像极了一双翅膀。但是索姆斯只有9个这种类型的患者，他担心如此稀少的人数可能不够研究出正确的科学推断，而对于这一密切保护区域的人为损伤或是自然伤害的病例非常的少有。当索姆斯决定查找几十年前的报告，来看看是否有类似的案例出现时，他找到了科学的真金。

在20世纪50年代进入60年代期间，其中一种治疗精神分裂症和患有其他错觉症状患者的方法，是脑前额叶切除术，这种外科手术曾经用来驯服麦克墨菲（McMurphy），他是肯·克西（Ken Kesey）《飞跃布谷穴的人》（*One Flew over the Cuckoo's Nest*）中的英雄。在更温和的版本中，是前额叶脑白质切开术，外科医生发现，他们可以通过切除那9名报告不能做梦患者大脑的某一具体部位，从而治疗这些患者的幻觉症状。所以，尽管自然生理方面并不经常对白质部位造成损伤，但一直以来外科医生对大量患者的手术却造成了大量的损伤。索姆斯发现，许多患者都声称他们不再做梦。"数十年来这里都是一片空白，没有人意识到。"他说道。

前额叶脑白质切开术同样提供了白质区域功能的信息，也就是所谓的中前脑，位于大脑中间部位的脑前叶。同样是索姆斯手中那9个患者，自手术后经历了相似的行为改变。他们开始丧失对事物的兴趣，对世界的好奇心和热爱都逐渐减退。这并不令人惊奇，因为相同的脑部（有时候称为搜索系统），在动物身上进行了透彻的研究，并且通过研究了解到，当一个动物满足了它的基本需求后会有更高的需求，这种基本需求包括找寻食物到追寻伴侣。而对于人类来说，它同样是点亮了大脑影像的研究领域。简言之，中前脑是大脑的"我想要"系统，索姆斯相信这个系统不是原始的脑干，而是需要用来制造梦境的关键结构。

但是这个特别的脑干区域为何对于制造梦境如此重要呢？索姆斯同意霍布森的观点，认为乙酰胆碱是引发快速眼动期睡眠的重要物质，但他同时又假设是一种大脑中的不同化学物质——多巴胺——是接通梦境本身的物质。多巴胺使人放松，当大脑的评价体系在清醒状态时由某些活动或是某些物质所产生的兴奋或快乐情绪激活——从迷幻类药物如可卡因或酒精，到性，再到赌博或者令人惊悚的行为如蹦极。在多巴胺发送过程中，一个脉冲连接着一种完全沉闷的感觉，尽管这种白质深入中部的大脑，富含纤维并传送这些神经调节器。索姆斯猜测，多巴胺是真正制造梦境的物质，因为治愈精神分裂症的药物会以一种非常简单的办法来消除幻觉：它们阻止大脑中那部分多巴胺的流通。

如果他的猜测是正确的，那么，多巴胺输送量的增加可以加强梦境。事实上，多巴胺的效果在1980年由塔弗兹（Tufts）大学的精神病学家和梦境研究家欧内斯特·哈特曼进行的实验所证实。哈特曼发现，给实验目标服用的药物中增强多巴胺的传送效率，极大程度地活跃了大脑。尽管实验目标服用药物和安慰剂的量与快速眼动期循环期间一致，但那些服用药物的实验者明显比服用安慰剂的人做梦时间更长，梦境更加奇特鲜明，而且感情更加强烈。

当索姆斯发现了另一组奇特的脑损伤患者后，他更加确信脑干并不能独自引发梦境。这些患者并没有停止做梦，哪怕是在清醒状态下。这些患者前脑部位中的一个特殊细胞组织受到创伤，这些组织按照霍布森的观点看来，是制造梦境的重要组成角色。霍布森认为，脑干梦境产生的信号，作用在这些称为基础前脑核的细胞上（basal forebrain nuclei），然后，它们通过信号来激活产生视觉影像的大脑结构和其他制造梦境的结构。如果霍布森的理论是正确的，那么，这些细胞的损害会使得人们无法做梦，但是，索姆斯发现结果恰恰相反。

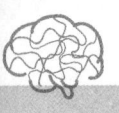

对这些密切连接大脑的细胞的损害，使得患者的夜间梦境不寻常的鲜明和频繁，并且，他们无法识别梦境与日间的经历。大脑的现实测试系统在我们做梦的时候不再运作，让自己完全相信我们穿着内衣正参加着学校的舞会，而通常这个系统在我们清醒状态下会恢复运作，但对于那些细胞受损的患者来说情况却不是这样。

例如，索姆斯的一个患者是头部受了伤痛的32岁中年男子，他在一场事故中基础前脑核受损。此后，不仅是他的梦境变得更加鲜明，同时会在噩梦中被频繁地惊醒，并且他发现梦境似乎会在清醒过程中继续进行。他说，这些经历"惊人的真实"，只有在妻子醒来后才使他确信，那些鬼魂的影像和小动物环绕的屋子仅仅是他的幻觉而已。

索姆斯的另一个患者是44岁的寡妇，动脉瘤损伤了她的细胞组织，这使得她在夜间的梦境更加鲜明，如同她白天的经历一样真实，按她的话说就是"将想法转变为现实"。当她在一个早晨躺在床上想念着已故的丈夫时，忽然间她的丈夫就出现在房中。他们聊了一会儿以后，他还帮助她洗澡。然后过了一瞬间，她意识到自己还是一个人孤零零在床上。很难相信这些确实发生过。寡妇解释说，她并没有入睡，而且那一刻也没有做梦或是日间梦游般的经历。"那不仅仅是看到了事物，简直就跟真的一样，好像它就是真实发生的。而且，许多次我都不能分辨出哪些是真正发生的，而哪些没有发生。"

索姆斯谈及她的情况时说："我们偶尔也会在日间产生相同的感觉，尤其是当我们从一个印象鲜明的梦境中苏醒过来的时候，然后，还要清醒一段时间来意识到这些事情仅仅是发生在梦中。与仅仅想到如果她丈夫在那里是很幸福的感觉来说，她的想法转变为在她看来是真实的经历，而那些发生的事件从本质上来说，就是梦。"

看着一系列的证据，索姆斯终于坚信他对于梦境的产生有了新的理论。他认为，关于梦境大多数发生在快速眼动期的现象，其实是一种误导的巧合。快速眼动期睡眠和做梦其实是两个有着不同的激发方式的独立过程，而且有着不同的生物特性。如同早期安特罗布斯、福克斯和其他人的实验所示，快速眼动期是最利于梦境产生的睡眠阶段，但梦境同样发生在快速眼动期之外，尤其是当我们即将清醒之前。这3种状态共有的特性就是对大脑的激活作用，其中只有第一步需要用来造梦。索姆斯说："在你最有可能经历梦境的 3 个睡眠状态里，不仅是由独特的快速眼动期睡眠生理状态展现，同样也由多种的唤醒类型展现。这说明了一定数量的而不是一定类型的唤醒，是梦境的必要前提。"

如同在 20 世纪 60 年代多名学者所研究的"其中 80% 的人在快速眼动期被唤醒后产生梦境"的报告所证实的，梦境产生所需要的高激活程度，绝大多数是发生在快速眼动期。但其他几个实验表明，有 5% 到 20% 的梦境是发生在非快速眼动期阶段。对此，索姆斯认为，梦境本身如果受到的刺激不足以激活前脑的搜索系统的话，那么即使在快速眼动期也不会发生。那个由多巴胺引导的系统被激活后，会产生接通梦境影像和情景所需要的复杂结构。一个弗洛伊德理论拥护者的心理学家认为，梦境在人们潜意识中有它们的根源，这个造梦系统非常完美地符合这一点。索姆斯总结说："那部分激活梦境的关键部位，恰好是由弗洛伊德最不被认可的理论基础推导而来，这真是令人吃惊。"

非常巧合的是，在索姆斯的新理论发现短短几个月之后，支持这个理论的证据就于 1997 年出现了，两名美国学者使用顶尖的大脑影像技术来记录梦境，并公布了这一重大发现，毫无疑问，这种技术对大脑经历的清醒和睡眠状态意识之间的过渡，提供了最详尽的细节。

1989 年，汤姆·巴尔金（Tom Balkin）第一次见到艾伦·布劳恩这位美国卫生研究所专门研究帕金森病和行动紊乱的神经学家。当时汤姆正在从事睡眠剥夺实验，他是沃尔特里德陆军研究部（Walter Reed Army Institute of Reserch）生物行为部门的首席研究员，他和布劳恩同时被睡眠期间许多大脑的未解之谜所吸引。在当时，脑电图描记器是唯一了解大脑行为变换的仪器，科学家推测，整个大脑在快速眼动期阶段会像充了电一样。然而，布劳恩猜测，只有特定的脑域才会付诸行动，而如果能找到那个区域，就能更加深入地了解大脑前前后后的运作情况。

"对我来说这是一个难解的谜题，为了解答它，你必须有一个从睡眠到清醒状态下大脑各部位的同步解析行动图才行。"布劳恩说道。因此，在 1991 年，随着神经影像技术的进步可以对这些研究提供更多的细节之后，他和巴尔金能够更进一步来达成他们的目标，于是他们开始共同研究，而正是这个研究促使了一系列大脑三维图像的出现。

他们通过使用一种叫作 PET 的仪器来进行研究。这个仪器能够通过测试血液流通量，来观测在某一特定时间内大脑某一部位的活跃情况。PET 扫描还能够通过计算机形成一个大脑的图像。在经过两年半的阶段性实验后，布劳恩和巴尔金定期在马里兰——美国全国卫生研究所的实验室里进行全夜研究，通过对受试者的睡前、快速眼动期、非快速眼动期以及早晨清醒后 4 段时间进行扫描，来研究他们的大脑运作情况。

他们的研究结果无疑为研究大脑特殊区域在夜间的内部活动展现了新的窗口。随着人们进入非快速眼动期的最深层睡眠后，几乎所有大脑区域的活动程度都开始下降，但最为活跃（活跃程度下降 25%）的是前额皮质层区域，这一区域是我们用来发布信息的最高命令，如策划、逻辑思维，或是解决困难的。"这个区域最早进入睡眠而最晚恢复。"巴尔金说道。

这些不活跃的区域还伴随着血液中复合胺和去甲肾上腺素含量的下降，复合胺和去甲肾上腺素能够帮助人们在日间集中注意力并解决问题。然后，神经调节器和乙酰胆碱的流动（这一举动引发了惯性滑行协作）开始催促我们进入快速眼动期睡眠。随着这一步骤的发生，PET 影像开始了可观的变化，布劳恩相信，它们解释了很多梦境的现象。所有这些领域在慢波睡眠阶段都开始减缓运作，除了一个例外：掌管逻辑和推理的前额皮质层区域——人类最近期的进化产物。它的活动停止，能够解释为什么时间和空间的场景不停地转换，而我们却没有清醒的判断，例如我们对于已故的祖父穿着一身骑士铠甲开出租车不会产生任何疑问。

由于那时大脑的该部分区域通常让我们脱离正常的思维，因此，我们在梦中体验的所谓现实通常被叫作幻觉世界，非常像是清醒意识下的精神分裂症。事实上，连续的影像显示大脑在梦中的功能解析与精神分裂的精神运作非常相似，但最大的不同在于，做梦的人是视觉系统在运作，而精神分裂症患者是听觉系统在运作。这就能解释为什么精神错乱的患者常常声称他们能够听到声音来指示他们的行动。

而最令人惊奇的是，布劳恩和巴尔金的 PET 扫描器揭示，大脑指定区域在快速眼动期比清醒状态下要更加的活跃。而最主要的视觉皮质，也就是我们从外面世界接受视觉信息的入口被关闭，这也说明了为什么在早期的实验中给睡眠中受试者放映视觉图像，对他们的梦境产生不了任何影响的原因。但包括创造精神影像和识别相貌的视觉连通区域却被广泛激活，远超过日间的活跃程度，使得梦中的影像异常丰富。布劳恩和巴尔金同时还发现，前额皮质层的某一区域的持续活跃，可以激发受试者通过日间一系列记忆创造出故事的能力。布劳恩推测，这一部分的活跃体现在梦中，是大脑试图把这些视觉影像收集起来，并以叙事的形式进行。

大脑的这个区域允许我们在快速眼动期阶段将记忆顺序排列，并能够暂时储存持续进行中的故事或是记忆。布劳恩还认为，当大脑结构处于长期回忆或是记忆修补模式时，会比我们在清醒状态下更为活跃，而这也为快速眼动期作为一个长期记忆过程的关键角色创造了理想的条件。"快速眼动期也许能够提供一个长期记忆过程可以处于脱离状态的条件，无论是巩固或是剪除，尤其是当快速眼动期本身并不能让大脑处于激活的信息产生过程时。"布劳恩说道。

在长期记忆进程广泛展开的反常情况下，当被用来存贮当前经历（梦本身）的区域稍后进行记忆修补的工作时，并不能帮助解释为什么我们能够轻易地记得 8 点早餐吃的是什么，而不能记得我们在早晨 4 点梦到的是什么。布劳恩认为，梦境内容其实就好比是大脑中的编码，这就是说，如果我们在日间看到或是感觉到一些夜间梦中出现的事物时，我们就会不由自主地回忆起一些梦境的片段一样。我们在找回那部分记忆能力上的亏损反映出我们很弱的梦境回忆能力。

也许更加有意义的是，布劳恩和巴尔金发现，当我们受到强烈情感冲击或是感受深切欲望的时候，大脑结构的激活度在快速眼动期阶段远超过人在清醒时。全力运作的是大脑长期情感记忆的边缘系统。当我们做梦时情感就处于方向盘之后，而大脑的方向导向和决策机制都处于休眠状态。比利时德雷奇（de Liege）大学的皮埃尔·马奎特和他的研究组们通过大脑影像的研究得出了相似的结论，他们总结出，扁桃形结构（能够产生身体"硬碰硬"反应和其他强烈情感反应）的激活模式和其他皮质区域提供了在快速眼动期阶段记忆过程的生物基础，尤其是记忆中感情的洋溢。

至于究竟是什么引发了梦境，即使是 PET 的出现也无法给出明确的答案。在霍布森理论模式下，作为造梦关键的脑干桥接部分在快速眼动期异常活跃，但在索姆斯的理论模式下，起到同样关键作用的前脑也被大大地激活了。

霍布森对于PET带来的新数据给予了高度的赞扬，这种显示大脑影像的新科技，使得大脑活跃在快速眼动期的详细情况能够被描述出来。他承认，大脑影像技术带来的一系列研究，使得他需要重塑他的理论模式，但就如同他最初提议的，"在梦境情节的构成上情感是最主要的，它的作用绝不仅仅是鼓动作用。"他还提议，梦中情节的焦点从做梦者感官的丧失，到没有赶上火车，到没有适合的文书或是得体的衣服等，它们都是由感情引导的——既然如此，也就非常可能产生焦虑情绪。而且，他还观察到有证据显示，快速眼动期与非快速眼动期睡眠都会使记忆与学习受益，而在他的理论中并不包括这一点。

他抓住了影像研究不等于构成日间和梦中意识基础的证据，来支持他的神圣追求：证明大脑和思维头脑是同一个，也就是说，我们的意识状态不过是特别的大脑混合化学物与神经连接在某一指定时间激活下的产物而已。"最初入睡后与外部世界连接的丧失，其中伴随着短暂的入睡表象，前夜的深层次无意识空白睡眠和后夜产生幻觉的梦境阶段，都对大脑的生理基础有着强烈的影响，如同我们在大脑自身生理状态下主观意识所做出的决定。"霍布森说。

霍布森甚至建立了一个新模型来解释我们阶段性变化的意识，说明我们不可以再将快速眼动期与梦境视为等同，不能再将清醒看作是一个单独的状态。这种将意识分为快速眼动期前期、非快速眼动期和两种情形期间的狭义分类，已经不能充分描述人类实际的丰富经历，这些经历上自用来演练数算的专注思考，下至精神分裂患者清醒状态下产生的幻觉，或是人们服用的迷幻药。霍布森的新模型中有3个变量决定我们在指定时间内大脑的状态，第一种是大脑的全面激活状态（根据脑电图描记器记录的脑电波为基础归纳而来）；第二种是在任何状态前都预先主导的具体神经调节；第三种是大脑处理从外部世界产生的信息（在活跃、清醒的状态下产生），或是内部产生的信息（在做梦或是闭目养神的沉思状态下产生）。

霍布森对索姆斯在神经心理学方面的卓越贡献称赞不已，称其为"对生理实验研究的一次冲击"。索姆斯与脑损伤相关联的研究带来梦境研究的新步骤，并揭示了前脑在造梦过程中是如何运作的秘密。霍布森邀请索姆斯来哈佛递交研究小组的实验报告。索姆斯在认识了霍布森和他的同事之后，又邀请霍布森与他交流在纽约心理分析中心的梦境研究情况。稍后，索姆斯收到了霍布森的来信，说他非常高兴地认同索姆斯在大脑损伤研究方面的证据，但如果索姆斯坚持试图使用这个实验来支持弗洛伊德的梦境理论，"那么这就是我们分道扬镳的地方。"

索姆斯说："在此之前，我非常欣赏他在科学上的正确态度。我并不知道为什么他在心理分析上如此偏执，但他真的很像撒旦：如果你提起弗洛伊德，他就会掏出他的十字审判。毫无疑问，他在这方面的视觉污点是非常可惜的。"批评家认为，尽管如此，索姆斯也有他自己的弗洛伊德偏执心理，正是这样使他成为心理分析界的活跃分子，并且完成了弗洛伊德完整理论的编辑和翻译工作。

然而无论如何，索姆斯为布劳恩的许多研究成果所鼓舞。他说："如果你观察 PET 的图像，你会看到，当我们即将产生梦境的时候，大脑中与记忆、视觉产生、动机和所有与情感生活有关的部分，都会像圣诞树上的灯一样闪闪发光。如果你把这些放到我的脑损伤研究中来，并猜测这里到底发生了什么的时候，你会说这里有一种强烈激活并充满感情的认知。这种认知与记忆有关，但不是由通常给予我们行为以理性和文明表象的自我反射结构所引导。"

当新的科学证据不能证明弗洛伊德理论的正确性时，索姆斯仍然坚持认为，至少它与弗洛伊德的许多想法相符。因此，索姆斯和霍布森随后在关于弗洛伊德理论和他们自身对于梦境产生的理论上发生争执，大打口水仗。但这场争斗从本质上来说，是神经生理学和心理学之间的分歧酝酿了数十年之久的大爆发。数十年来，神经学家把心理治疗看成是非科学性的技术，而心理治疗师把大多数的神经学家看成是过于简单化的学者，因为他们排斥心智与精神的影响。神经学家研究我们如何做梦，而心理学家更感兴趣的是我们为什么做梦。

索姆斯认为，新证据的出现，迫使霍布森修正他多年前推翻弗洛伊德理论的梦境理论模式，如今，他应该愿意承认至少弗洛伊德的部分理论是正确的。然而，尽管霍布森对他关于"梦境中复杂的大脑结构更加活跃"部分的理论做出修正，但他仍然认为，无论是索姆斯的数据，还是大脑图像研究提供的"只言片语"，都不足以证明弗洛伊德关于"梦境意义是被误导，或潜意识被压抑，或梦境通过奇异梦境材料的自由整合技术提供的一些特殊的、无意识动机的入

口"之类的理论的正确。同样，他也不能认同索姆斯把大脑在梦境产生过程中搜寻系统的角色与弗洛伊德关于梦境等同于愿望的实现这一想法联系起来。"在梦中我用一半的时间来逃离那些事物，这算是愿望的实现吗？弗洛伊德理论难以泯灭，它已经成为我们生活的惯性思维了。"霍布森说。

他坚持认为，脑干中的桥是产生快速眼动期与梦境的主体，但梦境事实上可能仅仅是快速眼动期睡眠的产物，他认为，这是一个有着自身功能的如调节体温、维持免疫系统运作，并起到维持复合胺和其他关键神经调节的平衡运动。如果梦境确实仅仅是大脑需要进入一种调节生理功能状态的产物的话，"梦境的内容可能会与我们无关，只能告诉我们如果他或她变得精神错乱时候的精神状态。"这是1999年霍布森在索姆斯编辑的主要读者为心理分析家的杂志上所发表文章中的看法。在这个陈述中他总结说："这样看来，涉及无意识动机的梦境解析，就如同尽可能去解析一个醉汉在震颤性谵妄的状态下发出的怒吼一样。"

也许，在这件事情上最客观的看法当属同期杂志上艾伦·布劳恩发表的文章。布劳恩十分认同索姆斯，认为他们在关于梦境大脑的图像与心理学理论的许多关键部分不谋而合。情感和长期记忆系统在理性思维休眠的时候，也就是弗洛伊德理论中的术语"自我"放弃命令权，并给予无意识自由，无拘无束发挥的时候，是超负荷运作的。同时，布劳恩在动机和行为领域也支持了弗洛伊德关于"梦境是由我们最基本的愿望和本能所驱使的"这一想法。但布劳恩并不认同霍布森所说的"在前脑皮质的创造部分停工后，梦境的内容不可能反映出需要详尽解码和解析的、象征误导的无意识愿望"的看法。布劳恩说，"我认为你可以应用梦境内容的字面意思，也就是弗洛伊德所称的梦境——来进行自我治疗或是心理治疗"，"但这里并不存在什么解析的必要，因为没有东西被误导。"

简单地归纳了对霍布森与索姆斯辩论的看法之后，布劳恩在评论中写道，"稍稍向后退一点点，这就是我所看到的：霍布森，一个完美的生物精神病医师，反对简化，热情地拥护主观的意识经历研究。索姆斯，一个心理分析学家，试图在神经化学方面彻底改造动态心理。对我来说，就好像是那些绅士们在达成共识，也许挡住路的仅仅是弗洛伊德的鬼魂而已。"

而仅仅在两年后，非常有戏剧性的是，霍布森自己也开始建立在索姆斯神经解剖学梦境研究基础上的"本性研究"对象。2001年2月，霍布森在陪同妻子到法国南部旅游时忽然中风。具有讽刺意味的是，受到影响的正是脑干——他从事了一生的研究方向。他的妻子、神经学家利娅在发现他突然吞咽困难以及其他中风的初始征兆后，立即将他送入摩纳哥一家医院的急救室。在那里待了10天后，由空中救援直升机送到波士顿距离他的神经心理实验室不远的一家医院。

好奇心旺盛的霍布森在住院期间将自己视为观察目标，并在日记中写下了他的感受。这种慢性疾病经常成为清醒时候的一种噩梦，因为中风限制在脑干中，所以他并没有受到持久的感知损害。但作为脑干损坏的直接反映，是他在摩纳哥住院的10天里完全不能入睡。

"最糟糕的时候是在我彻底孤独的夜间，通常是晚上7点到早上7点，甚至我连一会儿都不能合眼。我一直清醒着，我的大脑在整个漆黑的夜晚不停地运作。"他在日记中记录着10天的失眠情况。当然，梦境同样也处于停滞状态。当他闭上双眼的时候，甚至在一瞬间看到了自己身体上的窟窿，在那里，他可以看到发散幻觉影像的质地形式，未激活的刻蚀和其他与身体不相连的部位。他还产生了可怕的幻觉——他被弹射到太空中。他在日记中写下了这种感觉："这种以至少100米的速度穿越太空的高速移动的幻觉是如此真实可怕，然后我对自己说'这就是死亡的感觉'。"

直到中风的38天之后，霍布森才重新产生了鲜明稳固的梦境。在那个梦中，他与妻子到国外旅行。然后，发现她给另一个男人一个钻头，而这个钻头一直被霍布森珍藏在他们过周末的佛蒙特州农场中。他在日记中描述了他的梦境："她不经我允许就将我珍爱的工具送给一个陌生男人，这对我来说实在是古怪之极，我感到十分恼怒和担忧。"在梦中，他的妻子说她需要过一个秘密的生活，在接下来的梦中，他一个人独自徘徊，找不到她。

尽管梦境中包含的成分对于弗洛伊德式分析来说明显是量身定做，但霍布森依然固执地认为，"我并不需要什么梦来告诉我，一个受损伤的人怀疑维持与妻子关系的能力。这是一个由强烈情感构成整个情节的梦。情感主导着梦境的内容。"他辩驳道，那些说他声称梦境是无意义的人误解了他。"梦境当然包含一定的意义，但这并不需要解析。梦境就是这个样子，也许出于一些原因，这比最开始的样子更加接近弗洛伊德的理论。这里一定有某种记忆的重组发生，但它不能隐瞒你不能维持的事物。也许恰恰相反：在梦中我们尝试克服困难和增进情感。"

　　从他中风经历得出的结论，霍布森认为，索姆斯的发现重新开启了关于在梦境中神经形成的脑干和前脑哪个更加重要的辩论。至于快速眼动期睡眠与梦境之间的联系，霍布森已经于1998年承认，至少5%的非快速眼动期梦境与快速眼动期梦境密不可分，他总结自己的观点道："类似梦境的心理状态在所有状态下都能体现出来，但快速眼动期睡眠是研究梦境的最佳状态。"

　　然而，最后霍布森又回到了他最初的研究切入点，也就是关于梦境是如何产生的："一旦我的脑干开始恢复它支持感觉运动的功能，我的梦境也就得以恢复。毫无疑问，正常的梦境需要一个正常的前脑，而前脑的严重损伤会导致梦境的丧失，这种丧失有可能是永久性的。但根据我的经验，我同样相信，一个正常的前脑在脑干不再起作用的情况下，不能支持一个正常梦境的产生。"

　　作为回应，索姆斯承认，弗洛伊德也许关于梦境的意义部分是错误的，也就是说梦境被误导、潜意识被压抑、梦境的奇异也许仅仅是脑前叶并没有运作时执行决策功能的缘故。但他非常确信是前脑——而不是脑干引发了梦境的产生。世界各地学者的研究表明，大量的梦境——尤其是我们能够鲜明记忆起的那些——发生在快速眼动期睡眠，很可能是因为处在大脑的高度活跃期，为梦境的产生提供了先决条件。但同样不可辩驳的是，尽管频率没有那么高，但梦境同样也发生在睡眠的其他阶段里。索姆斯开始以识别非快速眼动睡眠时大脑哪部分区域活跃为目的，进行大脑图像研究，他认为，这方面的证据最终能够解答到底是什么引发了梦境的产生。

　　当弗洛伊德理论之争告一段落之后，另一个关于梦境的长时间未被解答的问题继而成为学者们争论的焦点。梦境的发生是否含有任何生物学的目的？许多不能对此认同的科学家——如霍布森和大卫·福克斯认为，梦境仅仅是其他进化发展的偶然产物，没有任何本身功能的存在。我们阶段性地经历大脑的高度活跃期，而当那个时候到来时，我们的神经网络不由自主地处理信息并讲述内容，因为那正是我们计划要做的。研究者如汤姆·巴尔金认为，这些发生在梦境中的活化阶段只有一个简单的生物目的：保持神经网络的协调性，以使大脑在需要被激活时能够重新回到活跃清醒的状态。

但另一个科学阵营主张，快速眼动期对哺乳动物生存起到了关键作用，因此，梦境自身起到了多种重要的生理功能。近期研究的多种证据显示，支持这一观点正确性的线索就在我们的眼皮底下——在我们梦境的内容之中。

第四章

针鼹课程

梦境从来都不是被设计用来记忆的,它们是关乎着我们是谁的关键。

——乔纳森·温斯顿

比尔·杜胡夫闪亮的光头使他在人群中鹤立鸡群,非常容易找到。这位穿着粗斜纹棉布的懒散心理学家在新英格兰的梦境研究研讨会上做着演讲,演讲的内容是关于如何使用网络上的统计程序和搜索引擎,作为筹集和分析梦境报告的工具来进行研究。他建立的网站 DreamBank.net 收集了超过 1.1 万份报告,其中包括数十年前少数个人的梦境日记,也包括了青年、儿童、盲人、女人等形形色色人群的梦境报告。

作为圣克鲁斯加州大学的一名心理学家,杜胡夫长于内容分析,这是一种解决关键任务的基本科学方法:精确地形容我们事实上的梦境内容。检验梦境的内容形式,分析它们是如何改变时间的,以及世界各地不同的文化背景下梦境内容的相似与不同,这些都提供了有趣的线索,来回答有关梦境产生的问题,获取更多关于梦境研究的发展史,从侧面提供了洞察梦境本身内容的信息。

这笔丰富的信息财富最初是由杜胡夫的良师、内容分析家加尔文·霍尔提供的。霍尔是一名非常具有创新精神的科学家,早自 20 世纪 40 年代,他在大学担任心理学部门的总负责人时,就开始从大学生手中收集梦境报告。不同于分析或尝试解析梦境内容的是,他更加看重简单地从实质上描述梦境的内容以及其中伴随的情感。在三十多年的时间里,霍尔不遗余力地从儿童和成人手中收集梦境报告,包括人类学者从遥远的世界各地收集生活在传统文化的居民手中的报告。当霍尔于 1985 年去世时,他已经收集了多达 5 万份的梦境报告，是世界上最大和最系统化的梦境内容研究资料。他和合作者罗伯特·范·德·卡斯特尔发展出的用来将梦境内容归类的译码系统，为北美、欧洲、印度和日本的学者们广为应用，以比较不同文化梦境内容的区别，比较男人和女人梦境内容的区别以及个体梦境在不同年龄的区别。

由于杜胡夫的努力，使得霍尔许多关于不同文化梦境内容的资料得以在20世纪90年代中期公之于众。结果显示，不论人们在哪里生活，他们的梦境内容都是共性多于差异性。在全世界女人的梦境中，男性人物和女性人物出现的数量是相等的，但在男人的梦境中70%的人物都是其他男人。不论男人还是女人，在梦中都是厄运多过好运，消极情绪多过积极情绪，侵略性多过友善性，而男人普遍在梦境中的攻击性要比女人大。儿童的梦境只有很少的侵略性，但随着他们进入青少年时期，这一比例显著增加。

在小部落社会生活的人们中，他们在梦中的攻击性比重是最大的，其中最高比例的报告来自澳大利亚的Yir Yiront土著人，其中92%的梦境内容都与暴力相关——包括所有事情：从侵略性的感觉，到凶恶的言语，再到肢体上的暴力行为。而对工业社会的研究表明，美国人在梦中的暴力倾向比例最大，其中男性50%（女性34%），与此对照瑞士的29%和荷兰的32%，杜胡夫认为："从美国人梦境中的暴力行为反映出在我们的社会中远比瑞士人和荷兰人更加频繁地杀人这一事实。"

夜间梦境中的主角往往都会是做梦人自己，但大约95%的梦境都会卷入其他人物角色。除了成年人往往梦到其他成年人外，其余的部分是由其他人、动物和神秘的角色占据。动物形象通常出现在儿童和原始社会人们的梦中。家和其他建筑是梦中最常见的景物，手机或是其他交通设施同样在梦中频繁出现。而在快速眼动期睡眠中最常出现的是活动，尤其是散步或是跑步，而在其他的睡眠阶段则没有那么多活动发生。

最受欢迎的观点是梦境中充斥着大量的性经历，如同弗洛伊德观点一样，梦境是愿望的实现，通常也就是本能的性追求——可以称得上最大愿望。霍尔-范·德·卡斯特尔内容分析法表明，性活动在梦中的比例不会超过10%，而其他研究显示，不超过1/3的梦境包括了明确的性内容，其中男性通常在梦中与陌生女子发生关系，而女性只与她们认识的人发生关系。也许不足为奇的是性经历在大学生的日常幻想或是梦中的体验比例要更大。梦境研究学者威廉·德蒙特对一组大学生询问,如果可以控制梦境内容的话他们会选择什么,其中95%的男性认为他们会选择性经历(同样的回答在女性中只有5%,这些都是更喜欢冒险和浪漫的女人)。在2002年对加拿大大学生的普查中,当询问到他们最常出现的梦境内容时,性经历位列第二,其中有77%的学生回答时选择了这一项。

霍尔-范·德·卡斯特尔内容分析系统将一个梦境报告实质看成是一则故事或是一出戏剧,里面有许多种分类,包括角色、情节、目标、社会接触面的类型、行为、成功或失败、厄运或好运和过去的成分等。这个办法可以衡量在梦境报告中多种元素出现的频率,而这个衡量是以一个人对具体人物、行为或是互动的关注以及感兴趣程度增强的发生频率为假设的。为了找出任何统计上的不同,这种在某一个人或是具体一组人身上量性分析的结果,都与霍尔建立的数以千计的梦境记录标准相比较。例如,在一个研究中比对男性精神分裂症患者与那些健康男性的梦境内容,男性精神分裂症患者的梦境中暴力含量要比那些正常人的梦境中高出很多,而在梦境中的协作或是友善反应的比例则远低于标准。

内容分析同样发现在个体梦境中显著的时间连贯性,这说明,我们梦中的情节与日间生活有着惊人的连续性。美国大学生的梦中生活相对而言依旧如常,停留在20世纪第二段,而无视那个阶段主要文化的剧变。通过由个体受试者多年前写的日记证明我们对过去时间的梦境具有显著的连续性。例如,一个被霍尔称为多萝西娅(为了保护个人隐私,这些梦境实验的志愿者都采用化名)的人,提供了她自1912年起25~76岁超过500份记录在日记中的梦境报告。通过使用内容分析法来检验梦境,发现在她50年的梦境中贯穿了出现频率几乎相同的6个元素。例如,每6个梦中就有一个是关于东西的遗失,尤其是她的钱包;在一个小房间,或是杂乱的房间,或是其他人闯入的房间的情节,在梦中比重是10%;另外10%是关于她和她母亲的互动。错过汽车或火车的情节在每6个梦中出现1次。随着她日渐变老,其他情节逐渐被忽略或遗忘,只有一个情节对于多萝西娅来说不减反增,那是一个在她整个生命中保持单身的学校老师。其他在老龄群体中的梦境研究揭露了一个相似的主题——主要的焦点是对题材和控制力的丧失。

有些时候梦境中的人物会重现，是因为他们都融入了一种情感的缘故。例如，一个普通的梦境内容，你是出现在一个从未上过课或是读过参考书的考试中。诸如此类的还有，你发现你出现在舞台上的表演中但你并没有台词，或是出现在讲台上发表一个演讲，却对于所要说的内容没有任何头绪。在所有这些情况中都是由情感引导着梦境的内容：对于未做准备的焦虑。我们自身在日间的经历能够很大程度上影响梦境的内容——对于一个演员来说那可能就会是戏剧的曲目，而对于一个教师或是政客来说则可能就是讲台。

通过应用内容分析法来对一个人连续的梦境报告与标准进行比较发现，随着时间的逝去，格调的变化，同样支持了杜胡夫的观点，他认为，对于梦境充足的取样，可以准确地反映一个梦中人在日间生活关心的内容及相互间的关系，而这并不需要通过解析什么梦中的征兆，或是查阅任何除梦境报告之外的材料。这些案例中，杜胡夫在《梦境的科学研究》一书中，记录了一个叫作马克的年轻人在高中毕业的暑假里做的40个梦和大学三年级时做的20个梦，还有他在大学毕业那年里做的50个梦。在马克连续的梦境中，男性出现的比例比女性人物低很多：男性仅为38%，而女性为62%，这对于标准为男性67%，女性33%来说，几乎正好相反。在这些梦境中出现的熟人与陌生人的比例比标准的要高，而暴力倾向则比标准的要低。

最后杜胡夫发现，在梦境中出现的不寻常人物都与马克日间生活的情况相吻合。在马克还很小的时候父亲就去世了，而他唯一亲近的家庭成员是他的母亲和祖母。他大部分的时间都是与少数的亲密朋友度过，几乎所有的人都是女人，而且他是个非常阴沉，没有侵略性的人。杜胡夫记录道，"马克对我们尤感兴趣，是因为我们的译码系统中有与他同属于非典型男性的存在。"

杜胡夫同意加尔文·霍尔的结论，他认为，梦境本质上是一种大脑在睡眠生理状态下运作的思维模式。如同霍尔提出的"尽管影像在梦中是唯一可察觉的表达方式，但其他文字、数字、手势和图画等，同样可以用来表达一个人在日间生活的思想"，他将梦境看成是"做梦人内心想法的高度隐私"。杜胡夫还认为，梦境的重要性在于它们照亮了"人们生活的根本困境，让我们能够正视它们"。以这样一种形式在梦中出现的困境比日间生活中所发生的少了许多

曲解。

瑞士学者施格若奇（Inge Strauch）运用霍尔-范·德·卡斯特尔内容分析系统，对9～15岁的男孩和女孩日间幻想和夜间梦境的研究来支持霍尔的观点。在日间幻想中，儿童对暴力和友善的反应都非常积极，而在夜间的梦中，他们会更多扮演暴力的受害者和友情的被动接收者。施格若奇推断，"在我们的研究中，儿童在梦中依旧扮演着他们日间的生活状态，然而，在他们清醒状态下的日间幻想，则选择成为他们渴望成为的角色。"另一个很大的不同在于：每4个梦中就有3个含有奇异的元素，而幻想中的比例则低于1/3。

这些梦中貌似奇异的元素源自大脑中的形象化比喻思维。通过使用我们日间思维模式下的暗喻能力，大脑在梦中可以创造出视觉影像和行动，用以表达我们的情感和关心的事。认知学家们在研究清醒状态下思维模式的时候，不仅把比喻看成一种语言上的润色，还认为它是一种基本思想进程的关键，对于我们的看法和世界观的形成起到不可或缺的作用。自孩童时代起，我们就会通过自己的经历所创造出来种种暗喻，来表达那些更为抽象的概念。在美国伯克利加州大学任职的语言学和认知神经学家乔治·拉科夫认为，我们广博的暗喻系统是源自每天生活的概念系统，用来帮助构成我们的日间思维。为了证明这个观点，他引用了多种暗喻来描述我们的关系："我们在死亡的尽头相会，看看脚下走过多远的路，我们也许会分开走各自的路，我们正在转动车轮，或是我们正处在一个十字路口。"

这许许多多充满比喻的信息，也许能够解释在一些梦中出现的那些与日间生活相区别的不寻常人物。考虑到大多数人时常经历的记忆鲜明的梦，一个人凭借自己的想象力，在梦中是能够飞翔的，这是由杜胡夫通过两所大学过半数学生的报告推断而来。在这些飞翔的梦中，最典型的感觉是愉悦，也许是我们在日间使用相似的比喻来表达我们的愉快——"我们像风筝一样，在空中漫步，在云中漂浮"，因此使得大脑产生这种概念化比喻的快乐。另一个被超过半数人报告为在梦中最常见的情节，是在梦中裸体出现或是在公众场合穿着不当，这种内容通常最早出现在青少年时期。"在裤子掉下来的时候被抓"就是其中一个相应的比喻用在日间生活的谈话或是思考中，以表达那种在梦中反映出的尴尬与焦虑。

许多这类型的梦境被定义为大众梦境——这种最常见的内容出现在所有人的梦中，不论他们生活在哪个年代、哪个地方。在 2002 年，对加拿大 3 座城市 1 200 所大学进行最常见梦境内容调查报告的分析结果发现，不论是在目前的这批男女学生，还是早在 20 世纪 50 年代普查的那一批相似组群，都有相同的几种最常见的梦境内容，40 多年时间和文化的变迁对梦境内容几乎没有影响。在加拿大的调查报告中，最为常见的 4 种内容分别是追赶、下落、校园事件的卷入和性经历。而在孩童时代最为常见的梦境内容同样是被追，或是做梦人日间最常从事的事情。对于孩子们来说，在梦中的体现就是一个学习吸收新知识和技能的过程，在梦中飞翔和下落同样位居前 4。一些梦境内容尽管不是很频繁地出现，但同样被做梦人认为是同等的重要。例如，在梦中一些已经去世之人的重现，或是一些人物的死亡等，尽管这些不是目前最为常见的内容，但对于个人来说却是非常重要。尼尔斯注意到，我们认为回忆起的梦境，也许并不能准确地反映我们真正的梦境内容，所以，在以后的研究中采用每日的梦境内容样本，应该有助于获得更准确的认知，以便明白哪种梦是最典型的，而哪种是最不常见的。

　　无论是从梦境内容的分析还是调查，都显示出这些裸体、下落或是飞翔的梦也许是最印象鲜明的。因此，尼尔斯认为，被某人或某物追赶是我们在夜间梦境中最常出现的情节。而无论做梦的人生活在哪个年代，哪个地方，他们都同样地会被卷入到这个最常见的内容中去。

　　一连串增长中的证据，证明了 20 世纪 80 年代乔纳森·温斯顿所提出的引人瞩目的人类梦境进化论。乔纳森·温斯顿原本是一名航天工程师，后来转为神经学家，因为他认为揭开大脑的构造之谜是一项工程上的终极挑战。温斯顿发现，当动物在日间被卷入任何危及生命的活动时——如猫接近猎物，或是兔子在有捕食者出现的情况下变得警觉——于海马状凸起（大脑中一处对记忆构成至关重要的结构）处的脑细胞在每秒 6 次的脉冲中会规律性激活，这是一种被温斯顿在洛克菲勒大学研究学中称为第八节奏的独特模式。而这种模式被发现只出现在快速眼动期睡眠中，因此，温斯顿猜测这个睡眠阶段中对白天信息的处理关乎动物的生存。他相信，如果能够弄明白快速眼动期与之的联系，那么就能够更多地揭示人类的梦境之谜。

在寻找线索中,他发现一种罕见的叫针鼹的哺乳动物有着一种特殊的睡眠模式——它的第八节奏模式并不发生在快速眼动期。而在近期的研究中,洛杉矶加州大学的杰罗姆·塞格尔发现,针鼹第八节奏模式发生在快速眼动期睡眠与非快速眼动期睡眠之间。事实上,从许多方面来看针鼹都是个"怪胎":它是一种存活于现代的古生物,因为它是一种单孔目动物,是远古蛋生哺乳动物的一目,从爬行动物进化为哺乳动物的第一类。因为当今我们所见的多种常见哺乳动物,都源自1 400万年前的单孔目动物,温斯顿由此推测,存在于大多数动物睡眠中的快速眼动期睡眠阶段,最早应该出现在物种分流的那个时候。那次进化标志着世界上第一个梦境的产生。

温斯顿认为,在早期的快速眼动期进程中,以原始哺乳动物为主体的梦境应该大多与生存信息有关,如食物的地点或是躲避捕食者的路径等。这个新信息与之前额叶前存储的记忆以及大脑的计划与决策系统相连,然后,为了以后的行为模式而对大脑做出必要调整。例如,如果一个动物在池塘边的树丛中因食用红色浆果而生病,那么这条信息就能够记录在记忆中,并在行为计划中得到修正,从而使动物能在以后回避这类浆果。

然而,在对外在世界保持警惕并采用适应生存条件的行为模式的同时,巩固记忆并在神经网络对未来行为做出相关调整并不是完整的运作模式,这在具有原始行为的针鼹与更多高度进化的猫、猴子甚至老鼠来进行比较的时候,体现得非常明显,而上述的这些动物都可以做梦。

温斯顿相信,快速眼动期的发展是作为一种在大脑脱机情况下记忆处理的重要方法。相比更加原始的动物针鼹来说,它有效地促使额叶前皮质发展更加优化的知觉和认知能力。他还利用解剖学,通过那些拥有典型快速眼动期睡眠的哺乳动物,对比拥有甚至比人类更大的额叶前皮质但其他部位却非常小的针鼹的大脑结构,来进一步证明他的观点。如果快速眼动期没有成为大脑脱机状态下生物本能的进化行为,那就意味着,能将新经历与先前记忆进行整合的从猫,到猿,再到人类所拥有的高度认知能力将不能再发展,因为额叶前皮质的扩展将超过头盖骨的容量。温斯顿提出,人类大脑的组成依然与针鼹十分相近,"也许需要一个手推车来带着它到处走"。

另一个与温斯顿理论相契合的快速眼动期生物功能论点,是由法国睡眠研究先驱米歇尔·朱维特提出的梦境进化论。他的观点在于，这种梦境睡眠阶段有利于建立基因译码行为，以此来增加器官的生存概率。非常有趣的是，非快速眼动期睡眠只有在哺乳动物从爬行动物进化而来的时候才会出现。这种有体热的生物在具有维持体温能力的同时，要求它们保存能量，而这种功能则体现在睡眠中，如果没有睡眠，那么体温的调节就不能进行。但在做梦过程中，不但身体处于麻痹状态，大脑使用的能量也要比清醒时来得多，因此，在睡眠中也增大了面对捕食者的危险性。所以快速眼动期睡眠也要具有一些明显的适应优点。卵生的爬行动物经过了足够的进化才得以进入这个世界，而大多数胎生的哺乳动物则在出生之时就面临着一个必须学会自我生存的困境。梦境睡眠提供了一个加速这种学习的方法，并能够帮助增加动物的生存概率。而这就能够解释为什么人类婴儿几乎花费所有的时间在快速眼动期睡眠中，幼儿则要花费16小时在快速眼动期睡眠中，因为这样能够加快他们神经系统的成熟速度。同样，这一观点也解释了为什么那些生活在相对自给自足状态下的哺乳动物的后裔，比如海豚会进行最短时间的快速眼动期睡眠，还有同样也是处于相对不成熟，依赖性强的负鼠。一项关于婴儿的研究显示，在婴儿出生10周后，快速眼动期在睡眠中的比重达到80%，而在婴儿出生只有2～4周的时候，快速眼动期在睡眠中仅占58%。在斯坦福大学研究所从事睡梦研究的学者斯蒂芬·拉比奇认为，当新生婴儿在睡梦中微笑的时候，你会通过在大脑处理引导下的行为中观察到这个微笑。他们在梦中会毫不知情地培养出在以后社会活动中起到很大作用的能力——包括寻找伴侣在内——而这些早在他们日间表现出这类能力之前就已经在梦中掌握。

将这些证据汇合到一起，许多研究者推断，在快速眼动期阶段，不论是动物还是人类的大脑都处于被操纵状态。这种在快速眼动期阶段强烈的神经活动也许需要建立神经循环，来传递对生存至关重要的基因译码——关于捕食、求偶以及其他的生存本能。这种快速眼动期睡眠的特性是少数为所有物种的证据所支持的理论。

简言之，人类的梦境是一个从低等物种继承来的机制进化而来，在快速眼动期睡眠阶段，大脑对基因译码，生存信息以及其他从日间经历提取来的关键信息进行处理。梦境仍旧保留着早期哺乳动物的特性，因为，梦中的内容依旧是以感觉为主，尤其是视觉，而不是言语。"对人类而言，梦境是一扇早在孩童时候就为行为模式提供策略的神经系统处理之窗。"此话引自乔纳森·温斯顿。

当然，人类的梦境要远比动物的梦境来得复杂成熟，因为，复杂的神经网络允许我们准确地反映我们的情感以便编制剧情，而个人生活的语言也给我们提供连续性。然而，芬兰图库（Turku）大学的认知神经学家安迪·利凡索认为，梦境的本源依旧是以基本的动物模式进行的，这从世界上人类梦境的内容多为被追赶，或是遭遇其他险情方面可以看出。与温斯顿理论相符，利凡索认为，人类的梦境是由睡眠中大脑模拟真实不安全的现实世界中的威胁发展而来。他指出在千百年前，人类祖先以群居猎捕形式生存的史前时代。事实上，这些构成了人类发展史上99%的内容——生命充满了生存危机，人类很少能够活过25岁。

在那种极端的适者生存的环境下，一个人必须学会观察并解决一切威胁他生存的存在——从动物捕食者，到具有侵略性的陌生人，再到险恶的生存环境和部落的排斥等。温斯顿描述的那种由早期哺乳动物发展而来伴随着快速眼动期睡眠出现的生存技能的演练，被人类进一步提升。利凡索指出，那些在夜间最能适应演练回避威胁技巧的人，日间往往能够更好地在困境中求生。也就是说，更好做梦的人能够生存下来并把他们的这种能力传给下一代。

对于利凡索理论来说，人类依靠大脑系统的激发或战斗反应在夜间睡眠的全速运行，以及大脑影像反复地演示从而进行学习。但如果仅仅是在大脑的想象中演练这些精神化的生存技巧，而不通过身体的锻炼，又如何可以得到提高呢？原来，大脑对梦中情节的行为命令信以为真，所以这些行为就如同在日间一样，在梦中得以锻炼提高。例如，如果我们梦到被老虎或是一个危险的陌生人追赶的时候，大脑就会发出命令，让我们跑或是爬树以躲避危险。在睡眠中肌肉被麻痹的情况下，这种特有的生理条件会阻止我们的身体真正奔跑，但大脑则通过发送这些命令到我们的感官系统，从而经历了这些行动。

"尽管大脑接收了内部产生的组织行为命令，并评估执行这些命令的结果的信息，"利凡索解释说，"感官系统并不知道这些命令其实并没有由身体来确实执行，因此，这些行动所产生的幻觉便产生了。"对于前脑和行动区域皮质来说，梦到逃跑和上树这些情节，等同于在清醒状态下逃跑和上树的真实经历。"梦中的动作从经历和神经心理上来说都是真实的。"利凡索说道。

相应的，这些在梦中发生的生存技能的演练，无论我们能否回忆起梦的内容都是有效的。事实上，温斯顿和利凡索对于梦境进化发展的根源和初始的功能的观点，有助于解释为什么大脑在做梦状态下的生理情况有可能阻碍梦境的回忆。

就如同霍布森的发现一样，在快速眼动期睡眠期间，大脑中占支配地位的神经调节循环物是乙酰胆碱，这种物质能够为脑细胞创造最佳条件来编织我们的记忆，使我们的精神世界变得更加完善。同时复合胺和去甲肾上腺素（用来学习和集中注意力的神经调节循环物）的含量下降，削弱我们在清醒前立即集中注意力从而回忆起梦境的能力。同时，使得我们可以将事情按时间进行排序的额叶前皮质的关键区域（能将现在发生什么与1分钟前或上周发生什么连接起来）也基本处于脱离状态。艾伦·布劳恩认为，这种情况致使我们对梦境内容的健忘。

这也是乔纳森·温斯顿的观点，他认为，梦境本身从来就没有试图让我们来记忆，因此，当我们这么做的时候仅仅是得到了一些大脑在脱机状态下的片段而已。温斯顿说："这与它们无关，仅仅是我们能够回忆起梦境的概率而已。"归功于人类的语言能力，使得我们能够具备区分梦中记忆的事件和清醒状态下发生事件的能力。自儿童时起，当大人告诉我们，这些感觉如此真实的事情仅仅是在做梦的时候，我们就开始学习识别这种区别。但对于那些没有语言的物种来说，回忆梦中动作和发生的事件是很难实现的。"我们和我们的祖先也许通过使我们忘却梦境和普通事物进化的机制，来保护我们免受梦境与现实之间的干扰。"精神生理学家斯蒂芬·拉比奇说道："假如你家的猫梦到邪恶的狗死亡并为老鼠取代。如果它在清醒之后能够记得这个梦，那么会发生什么？在并不知道这是梦的情况下，它很有可能迅速跳过栅栏，期望找到一顿美餐。但恰恰相反，它发现自己成了狗的一顿美餐。"

人类区分清醒和梦境经历的能力能够排解我们在梦境中遇到的危险。利凡索说道："我们能够将我们回忆的梦应用到广泛的个人经历和文化中去，但不论这些应用多么的有意义和启发性，它们都是由我们发明的，而不是自然的

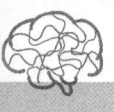

选择。"

尽管人类大脑的能力得到了很大的发展，使得我们可以克服许多危险，并创造了一个不用再担心毒蛇和利齿老虎的世界，但在今天，我们的梦境中依然可以找到祖先留在其中的印记。首先应该考虑的是，我们梦中明显缺少的是什么。塔夫茨大学欧内斯特·哈特曼的研究发现，在成年人的梦中，行走、与朋友谈话和发生性关系出现的频率与日间生活的频率几乎相同，但读书、写作和算术几乎不曾出现，尽管做梦的人在日间每天学习6个小时之久。利凡索认为，这些日间生活的部分没有反映到梦中，是因为他们是文化的后来者。"它们并不存在于早前的环境中，与大脑中复杂认知功能在梦中的体现，如对语言的理解和创造也没有关联。"他说道。

而与之相反，许多在日间生活并不常见的元素，尤其是这种原始本能威胁的组成，在梦中普遍出现。内容分析研究表明，在我们梦中出现的敌人往往分为两类：作为野兽出现的比例，在男性梦中是82%，而女性是77%；作为男性陌生人出现的比例，在男性梦中是72%，而女性梦中是63%。遭遇到野兽和陌生男性，在现代生活中称不上危险，但对于我们祖先来说却是危险的征兆。利凡索认为，这进一步证明了梦境中更倾向于模拟那些在史前时代常见的威胁。他说，梦中被野兽或是怪物追赶的情节，反映了"在造梦系统中嵌入的模拟威胁，是作为已定义威胁种类的默认设置，而最常在梦中演练的"。

当然，在现代生活中，日常生活危险体验在梦中的体现，更应该是自身形象的损害或是银行账户的减少，而不是真实的身体面临的危机。但由现代经历产生的情感，无疑使我们梦中的生活都伴随着那些DNA解码的情节。大脑在梦中经历的事情，"也许并不能将更加进化的大脑产生的新认知与古老的情感标准相融合"（引自芝加哥神经外科与神经研究机构神经科学研究负责人的话）。

这种出现在快速眼动期睡眠阶段的生存技巧演练，将在睡眠阶段梦境中的技巧最终传递给人们。通过人类复杂大脑在夜间的演练使其不断进化，达到与我们神经网络承载容量相匹配的精密程度。事实上，新的实验研究展示了在其他睡眠阶段的梦境中和心理上的活动，与多种复杂方式互动，从而担当了我们学习新技巧并整理记忆能力的重要角色，给予了我们独特的自我感觉。

第五章

再闯迷宫

梦境就是在你眼前就发生了改变的记忆。

——伯特·斯塔兹

马休·威尔逊这些天来一直在麻省理工学院的实验室里观察研究老鼠在度过白天之后都梦到些什么。威尔逊曾在学生时期学习工程，主修人工智能，直到他了解了大脑是如何工作的，才意识到不可能有完全意义上的智能机器人，因而将研究方向转向了神经科学。他说："人们问我为什么会对老鼠做梦感兴趣，我对此的回答是，我并不是对老鼠做梦感兴趣，而是对记忆如何在梦中重现，而那又和我们的经历有着怎样的联系感兴趣。我们试图理解白天的经历如何进入睡眠状态，是否会给人以影响，而这种影响绝不仅仅是提供梦中日记的素材。现在我们知道，梦的确给人以影响，也就是说，大脑在夜间的活动是认识形成长时记忆不可或缺的部分。"

威尔逊一边指着他麻省理工学院办公室内占据着几乎所有空间的研究资料，一边自嘲地说："探索大脑的难度就同我整理办公室的难度一样。对这里所有的资料进行整理归类，选择出我想收藏的资料，这样在工作时就会很容易地找到我所需要的资料，能够连续工作，不被此类琐事所烦扰，而且效率更高。他认为，人在进入睡眠和做梦时，会使大脑有充分的机会过滤日间的经历，筛选相关信息，对于以前的经历进行整合，储存进长时记忆中。这一时段正是我们不必受到外界干扰的时段。"

威尔逊的观点源于一个标志着科学家最高研究成果的实验。为了揭开大脑是如何工作的面纱，他决定用老鼠做实验，因为在他看来，用老鼠做实验比通过人做实验效果要好许多，因为这样可以更好地掌握老鼠在清醒状态下的活动

情况。通过在个体脑细胞附近放入微电极，他就能够掌握老鼠在睡眠和清醒的各个时段对事件的反映，从而做出准确的判断。

威尔逊和其他研究人员训练老鼠在迷宫中寻找它们所喜欢的巧克力味食品，而放入老鼠脑中的传感器可随时记录下动物用于判断方位的脑神经细胞放电类型。研究人员所跟踪监测的神经细胞被放在脑中类似海马状的凸起部位，大脑这一部位负责记忆存储，人类、鼠类概莫能外。

他们还记录了当老鼠进入睡眠状态时脑细胞活动的情况，并发现了令人惊奇的大脑经历重现现象。老鼠在迷宫中奔跑时所看到的脑细胞放电类型在他们所记录的快速眼动期睡眠的 45 分钟里占了大约一半的时间；而当老鼠开始做梦，梦中就会生动地再现夜间生存技巧，这被威尔逊描述为睡眠中做梦阶段的生物目的。这种重现如此精准，以至于威尔逊可以判断老鼠在清醒状态下会在迷宫的什么位置。老鼠用来在睡梦中重现经历的时间与它经历这件事本身的时间长度是相等的。

威尔逊说："看到这些老鼠在睡梦中又在这个迷宫中进行精神上的奔跑达 2 分多钟是我一生中所经历过的和以后可能经历的最令人惊奇的事情了。我所看到的不单是对记忆的或是我对记忆猜测的记录，而是实实在在记忆的再现。科学之所以激动人心，不仅是因为假设得到证明，而且是因为在此前从未预料到的数据中发现类似结论。"

2001 年发表的研究结果为这一论点提供了科学证据，证明大脑在快速眼动期的活动对强化记忆力至关重要。然而也有研究证明，并不仅仅是快速眼动期有助于将经历转变为记忆，睡眠的其他阶段的大脑活动也会产生同样效果。初始阶段的睡眠、慢波睡眠和快速眼动期都在强化特殊记忆的过程中起着各不相同的作用，或相互作用，把这些杂乱的信息变成有用的、持久的信息。睡眠时间是记忆再现的最佳时间，不仅因为这时大脑摆脱了工作束缚，不再为诸如证实我们没被卡在所撞之物的事情所恼，不再因为大脑化学比例和其他生理因素的改变所影响，为重组和强化记忆创造了理想环境。

要想掌握更多关于在睡眠过程中大脑信息处理是如何影响清醒状态下的行为的情况，就要仔细观察大脑是如何工作的。首先，筛选出贮存于大脑中心负责归档备案体系中所经历的事件，以类似于录像方式回放的记忆。再经历诸如学习一个新的电脑程序，在缅因州树林中长途漫步，抑或仅仅是在午饭期间与朋友交谈等事情时，这一记忆首先记录在脑中心部位马蹄状结构的海马状凸起处，"海马"顺脑中心部位弯曲向上与"杏仁核"相连，而"杏仁核"对于人的情感和脑内贮存记忆的情感润色起着重要的作用。"海马"吸收人体所有通过感官得到的经历和情感经历的信息，存储起来成为记忆。

但是，为了使记忆持久，海马状凸起中存储的信息必须在神经皮质中经高级处理后重现。信息要在神经皮质中与先前录入的经历进行比较和筛选。强化巩固过程还包括要抛弃经大脑过滤后认定为不重要的信息。实际上，诺贝尔奖得主弗朗西斯·克里克（Francis Crick）和他的同事格雷姆·米奇森（Graem Mitchison）曾提出人们"为了遗忘而做梦"的理论。在与他人共同发现了 DNA 的排列结构之后，克里克将关注重点转向了研究意识的本质上。他把研究做梦作为这项研究的一部分，并于 1983 年提出，记忆的确在睡眠过程中得到了强化和进行了重组。根据克里克和米奇森提出的"反向学习"观点，脑干前脑所进行的随机刺激会使记忆进行重组，被神经网络删除的多余信息和毫无意义的思想活动经历都会在被彻底忘却之前在梦中显现，这就是为什么梦中会有许多稀奇古怪元素的原因。克里克当前的合作者克利斯托弗·科奇（Christof Kock）对此解释道："大脑为了便于记忆的储存和重现必须进行一项工作，也就是计算机领域中所说的废物收集。删除了多余的信息和毫无意义的思想活动经历有助于强化那些对日后行为有影响的事实的记忆。所以说，反向学习对快速眼动期间所做的梦进行强化记忆是十分必要的。"

工作记忆是意识在某一特定时间获取的信息，包括刚刚学到的知识或刚从长时记忆中提取到的信息。人的短时记忆能力十分有限，如果有人说出一组随机组合的数字，并要你立即说出来，那么你一次最多只能记住 7 个数字——这正是当地电话号码的数字。

当我们把信息存储进记忆时，生理上也会发生相应的变化，许多相互联系的神经细胞以一种特殊的模式将所有特殊记忆的元素合在一起。当记忆重新浮现时，它会将相同神经细胞的放电类型激活，使在重现中状态更好的神经细胞发生结构性的改变。正像神经科学家所说，细胞放电将这些线连接起来，而这种"连线"就会把短时记忆转变成长时记忆。从由于脑伤丧失记忆的患者情况看，最容易忘却的记忆恰恰是那些大脑受伤前几天、几周、几个月刚刚经历的事情，而很多很久以前发生的事情反倒不易忘却，因为那些很久以前发生的事情曾有更多的机会得以在脑中强化。记忆被激活的次数越多，在脑中根植的越深。经过数日或数年，脑中的记忆就会定格在新皮质中，不再依据海马状凸起的刺激。

人有两种基本形式的记忆。程序性记忆（也叫作暗示）通常都了解做事的步骤程序，比如骑自行车。这种记忆在脑中定型，在下意识状态下就可以操作。比如说，我们无须在行走时停下脚步，仔细琢磨下一步该迈左脚还是右脚；再比如我们已能够熟练打字，就无须在敲击键盘时左思右想手指的位置。而在我们学习语言时，也是在语言的环境中掌握其语言规律的。

多数心理学家也会提出不同的观点，他们认为一些儿时的记忆也会被新近发生的事件激活，进而成为程序性记忆，在无意识的状态下，影响我们的行为。比如说，有一个蹒跚学步的孩子，父母要到城外参加婚礼，就把孩子托付给阿加莎婶婶照顾过夜。父母由于交通问题耽误了两天，这是孩子首次与父母分开，他的主导情绪表现为焦虑和不开心，并没有对那个周末的有意识的自主记忆。但在以后的生活中，每逢阿加莎婶婶来访，他都会出现一种不由自主想冲上去把阿加莎婶婶关在门外的冲动，这就是一种与阿加莎婶婶有关的程序性记忆。

人体大脑中负责程序性记忆系统存在于所有哺乳动物的进化过程中，在人类不知情的情况下工作，这并不是像弗洛伊德所说，是有意识地掩饰我们精神生活某些方面，但却是像约瑟夫·勒道克斯（Joseph LeDoux）所说，这个过程不是直接被大脑有意识地接收的。勒道克斯基于情感和记忆所做的生物学实验为世人所知，他曾经说过，程序性记忆是形成人最突出的性格特征的基础：走路和谈话的姿势，我们关注什么或忽略什么，如果事情的走向出乎我们的意料，我们在情感上会做出怎样的反应。勒道克斯在他的著作《突触本性》（*Synaptic Self*）中写道："记忆的确显示真我，但要记住，有关的记忆已在经过大脑的诸多系统时受到干扰，通常已不是意识的真正表达。"

第二种记忆类型，也就是当语言传达到大脑被大脑有意识接收记录下来的记忆被叫作"陈述性记忆"，知道是什么但却不知如何做的记忆。陈述性记忆也分为两种：真实的（语义的）记忆是关于世界上发生的林林总总的事情，比如说1963年11月22日约翰·肯尼迪总统被枪杀事件，再比如说大众汽车是一款什么样式、什么型号的汽车等。另一种陈述性记忆即自传性（插曲性）的记忆，也就是对个人发生了什么事情的记录，比如在1963年11月那个特别的日子里，你正在干着什么；再比如多年前，你和你的大学同窗好友驾着一辆红色旧大众车沿着公路旅行的经历。陈述性记忆通常都很清晰，我们亲身经历了那些事情，我们也有意识地记住了这些信息，虽然也有可能会发生某些时候遇到某人或某支歌曲的名字就在嘴边，可无论如何也想不起来的尴尬局面。伤到脑内海马状凸起会导致健忘症。健忘症患者具有程序性记忆和事实性记忆，比如他们通常能够回忆起讲了什么话，或用一个杯子、一扇门或一辆车做了什么等，但他们很明显丧失了自传性记忆。

  人类的自传性记忆是记忆体系中更高一级的形式。马休·威尔逊实验中的老鼠就是通过这种记忆再现它们的迷宫之旅的。老鼠在脑内海马状凸起处长有一种叫作"位置细胞"（place cells）的细胞，这种细胞能够使老鼠位于某个地方的特殊位置活跃起来，当它们再次出现在同一地点时再次活跃，正如威尔逊的研究所示，在睡眠时，它们脑中就会浮现出在那一地方的活动经历。人类也是以这种方式把记忆和地点联系在一起，对伦敦出租车司机大脑影像的研究显示，只要让他们看到开车经常经过地的路线图，就会激活他们脑中存储的以往开车经过那些地区时的记忆。但随着人脑的不断进化，脑内海马状凸起的作用越来越突出，已经成为保持情感性记忆的重要因素。

  所有这些种类的记忆被存储到大脑的不同区域，正如神经病学家安东尼奥·达马奥（Antonio Damasio）在他的著作《对所发生之事的感觉》（*The Feeling of What Happens*）一书中所说："在我们的大脑中根本找不到按字典词义解释的锤子一词的东西。"而实际上我们脑中却有数种和过去所接触过的锤子相关的记忆：锤子的形状、使用锤子时手部的运动、锤子砸下时的结果和锤子在我们语言中的定义，而只要当我们脑中浮现出锤子的图像，这些与锤子有关的内容就会自然拼接到一起。

  在生活中我们会对事件的自传性记忆以相同的方式储存和提取。与某一经历相关的声音、影像和情感都被输入到不同的神经回路，因而，当你回忆结婚

日或10周岁生日宴会的情景时并不是单纯提取某个影像，而更像镶嵌中许多彩片的拼接，正如教堂中的花香和音乐、巧克力蛋糕的味道、看到生日宴会上小狗拱手作揖时快乐感觉等，都从不同的存储箱中调出，立即拼接成一幅完整的记忆画面。

目前某种激起那个镶嵌经历的事件，能够将大脑中毫无关联的大脑细胞整个回路串联成一个完整的记忆。马赛尔·普罗斯特（Marcel Proust）在他的文学巨作《逝去的记忆》(Remembrance of Things Past) 中用优美的文字再现了这一动人的场景：故事的叙述者把一小块玛德琳蛋糕浸泡入一杯茶中时，突然萌生出一种异常快乐的感觉。他后来意识到，茶水浸泡蛋糕的味道让他联想到孩提时期，每逢周日上午去看望喜欢的姑妈，姑妈都会在他的茶水中浸泡一块玛德琳蛋糕招待他时的快乐感受。从那时起，他再也没有吃过那样的蛋糕，而此时玛德琳蛋糕的味道足以自动激起他对过去周日上午那充满情感的记忆。哈佛大学心理学系主任丹尼尔·斯沙特（Daniel Schacter）在他的《寻找记忆》(Searching for Memory) 一书中写道："经过半个多世纪的科学研究，普罗斯特在过去与现在的微妙联系中找到了记忆的感觉。"

如果我们的情感在某一经历中被唤醒，那么这个记忆就会因感情的注入而得到加强。但是也有例外。过度的情感喷发，尤其是压力会促使被称作皮质醇的荷尔蒙浓度增加，因而影响到脑内海马状凸起的正常工作，降低我们对扰乱了的经历形成自传性记忆的能力，而尽管程序性记忆还在正常进行。带有浓烈情感色彩的记忆在脑中重新浮现时会带有事件发生当时的烙印。比如说，研究人员就发现，在人情绪低落时的记忆多是一些不快乐、不开心的事件，而每次回想起那些充满激情的瞬间，都会多少冲淡或改变我们眼下的想法或感觉。约瑟夫·德鲁克斯说过，记忆是在"重新想起时构建的"，而在经历发生当时所记录下的信息只是用于构建记忆的一块建筑材料而已。

我们在后来看到的都会影响记忆的形成，经常有犯罪现场的目击证人受到其他自称是目击者所提供的证词证言的影响，给出了不准确的证词的事情发生。有一个案例最能说明这种情况。2002年，有两名持枪歹徒在华盛顿特区停车场、加油站等场所滥杀无辜，对公共安全构成威胁时，警方在第一时间接到一名目击者的报案，说有一辆白色卡车驶离案发现场。紧接着又有许多人声称目睹现场,他们说在其他一些场所看到了这辆白车,还看到歹徒撞车现场等。而实际上,歹徒驾驶的是一辆蓝色旧雪佛兰,但警方太过于关注了第一证词,因而一直在追捕并没有涉案的白卡车。

记忆中浮现出我们曾经经历的事件,从心理学角度看,会对我们现在的所作所为以及记忆的形成造成极大的影响,丹尼尔·斯沙科特说道:"经历被大脑的网络记录下来,而这些大脑网络已由以前所接收的各类信息形成。这种已存的信息极大地影响着我们对于新信息的接受和存储,以及我们目前所回忆事件的性质、特点和特征。我们仅仅知道,大脑所记录的和大脑所要记录的完全取决于我们过去的经历、知识和需求。"

尽管我们的记忆确实是在我们清醒时逐渐增强的,我们也在此不间断调整思维模式,但目前有许多研究表明,记忆的增强和思维模式的调整主要还是在夜间做梦时完成的,而后又直接影响我们在清醒状态下的行为。麻省理工学院的马休·威尔逊说道:"大脑不断地对新的经历进行筛选过滤,从中选出适合于以前记忆所构建的模式,检测其对新近发生的事情和指导决策能产生多大的影响。研究结果显示,这些在梦中都会发生许多调整改变。"

记忆编织梦境的过程在神经生理学家欧文·弗拉纳根(Owen Flanagan)的著作《做梦的灵魂》(*Dreaming Souls*)中所描述的两个梦中得以体现。第一个梦是他5岁时做的,而第二个梦是在48岁时做的。

1955年所做的梦:一群狼在追赶着我。我被此景吓坏了,根本就跑不快。我被吓醒过来,想叫却叫不出来。

1997年所做的梦:我正在参加由美国中央情报局组织进行的军事演习。我所在部队离敌人很近,武器装备还很差,我非常害怕。我想向同伴解释——在正常的行程中能够抓住我固定的车、我们的非自动步枪、旧式步枪和M_1式枪间的十字形标志,但没有弹药,会成为失败者。随后我发表了反战演说,鼓动大家不要执行政府的指令去打仗。我得到了一些人的支持,同时也招来一些人的嘲笑。我所在部门的指挥戴着羽毛帽,穿着苏格兰方格呢短裤,手里拿着武器,但却不知如何使用的样子,很显然,他是我们的头儿。我觉得可笑,同时又感到恐慌。我抓住我的车,同时接受

了汽车技师对于我们胜利的祝贺。

说到梦境碎片的拼接，弗拉纳根分析说：5 岁时候所做的梦比成年后所做的梦简单，从某种意义上说是因为当时的经历有限。那是一个典型的关于追赶的梦，而正好那时候，他因反复听《三头小猪和小红帽》(*Three Little Pigs and Little Red Riding Hood*)的故事，脑中常常浮现狼追赶他的影像。在 48 岁时所做的梦则源自他的生活经历，由他各个生活时段的生活片段拼接而成。越战期间，他多次参加反战示威，随后在部队服役。他会修理汽车，而在做梦的那段时间，他的身份是一个大学教授。在梦里，这些素材和他以前的记忆相糅合，组合成了前面提到的梦。弗拉纳根说："在这两个梦当中，我的大脑把脑中的记忆和以前的经历编织成一个故事，一个叙事故事。这是多么的准确，但为什么会如此还需要人们关注。"他还说，梦中出现的情感尤其是恐怖，主要是由于位于人脑情感系统中的、主管快速反应的杏仁核在起作用。

我们对白天活动的后期加工处理过程包括对自我认知有极大影响的自传性记忆的拼接整合。我们在自传性记忆中记住了什么，而我们又是如何将其与过去的经历联系在一起的，都是神经病学家安东尼奥·达马西奥所说的自传本体的一部分。本体感基于以前的经历，但我们同样可以利用它来想象规划未来。达马西奥说："自传本体不断对筛选出的自传性记忆进行再现。我们所塑造的自我，无论是从生活上还是精神上是什么形象，和我们在社会中所处的位置都建立在对多年经历的自我记忆上，但也经常被调整。我认为，建立和调整都是在无意识状态下完成的。"

而上面所说的对自我记忆不断调整的一个重要部分就发生在梦中，通常是在无意识状态下，尽管日常活动极大地影响着我们梦中重现的记忆素材的选择。丹尼尔·斯沙科特说："现在看来，当我们进入睡眠状态，我们的大脑还在为尽可能多地保留下我们生活中所发生的经历努力工作着。我们在清醒时经常想到的重要事件会经常在我们睡眠时浮现。清醒状态下未受到我们关注的事件几乎就不会在梦中出现，通常会被人忘却。"

如果记忆真如梦境所呈现的一样，那么大脑选择梦中重现事件的规则是什么？这些事件又是如何与脑中原有的记忆融合在一起的？1978 年，阿尔伯特·爱因斯坦医学院的霍华德·罗夫瓦格（Howard Roffwarg）和他的助手为了搞清日间经历如何在梦中出现，又是何时在梦中出现的问题做了一个相当有创造性的实验。实验中9名大学生戴上了可过滤掉光线中蓝色和绿色波长的眼镜，这样他们所看到的一切就都是红色的。受试者在清醒状态下连续佩戴了5~8天后，逐步适应了这个与以前不同的世界，他们把这个世界叫作镜子着色世界。

受试者每晚在睡眠实验室过夜，在实验室里，脑电图描记器对他们的大脑活动进行跟踪记录。研究人员希望，通过给脑海中出现的影像标示出不同的颜色，能够搞清大脑是如何在梦中过滤整理正在浮现的经历，他们所依据的正是受试者提供的在梦中影像中出现红色的时间和方式。当这些学生在快速眼动期被唤醒时，他们说，夜间前期他们的梦中场景大部分都呈佩戴滤色镜时的色彩，但在接下来的梦中就不再是那种颜色。在之后的夜晚，学生们在睡眠后期的快速眼动期阶段也呈现出佩戴滤色镜时的色彩，睡眠后期梦中接近一半的场景都呈红色，而在夜间第一个快速眼动期中的80%以上的梦都是如此。

过去，研究人员曾推测，那些未呈红色的梦可能是佩戴眼镜以前的经历，但在某些案例中，佩戴眼镜实验前的事件也会呈佩戴眼镜后的颜色，有时还会在同一梦中出现佩戴眼镜前后两种色彩的情况：同一场景中的房间里为正常颜色，但当做梦者向窗外望去，看到的就是暗红色。当他们摘下眼镜仅仅一天之后，他们梦中的红色就随之消失。研究人员只能得出这样的结论，近期的经历和记忆经过复杂的融合过程结合在一起，使日间经历很快地进入梦中，而那一过程是如何被准确记录下来的却始终是个谜。

站在这一研究领域最前沿的是哈佛大学精神病理学助理教授罗伯特·史帝克古尔德（Robert Stickgold），他提出了一种为以前大多数研究人员所忽略的通过观察睡眠的各个阶段，搞清大脑工作规律的新方法。我们在入睡之后，就会体验到一种入睡表象，一种在似睡非睡状态间产生的一些幻觉、幻象或是奇怪的梦境，不像在大多数陈述性记忆的梦中一样，事件有前后呼应的感觉。十多年前，当史帝克古尔德在佛蒙特州度假时开始对这种睡眠现象感兴趣。他回忆说："在一天的越野和登山之后，我入睡后会很快进入我又重回到山上，在崎岖不平的山间攀岩而上的梦境之中。期间我几次惊醒，但只要再次入睡，仍会再次梦到双手抓住岩石向上攀登的情景。到了后半夜清醒后，我想复原那些影像，却怎么也回想不起来，而在刚入睡时，想不梦到那样的影像都不可能。"他开始着手记录日间事件在梦中重现的案例，从中发现重现的梦境通常都是白天发生的一些特殊的经历，比如在巨浪中漂流或在波涛汹涌的大海中航行。

史帝克古尔德对这一学科的好奇一方面是个人的偏好，另一方面是对科学的探究。他原本是位物理学家，后来在哈佛攻读博士后时开始对神经心理学发生兴趣，当听过阿兰·霍布森（Allan Hobson）所开的关于做梦中的大脑课程后，他彻底改变了职业方向，很快就在1990年进入了霍布森实验室。他说："我想把生物化学研究的严谨科学态度、科学方法用于对梦的研究上，我认为研究做梦能够更好地了解清醒时的大脑。"

为了更好地了解大脑是如何选择重现哪些记忆，又是在什么时间进行重现的问题，史帝克古尔德决定以研究初入睡阶段为主，看看是否能够掌握做梦者在梦中经历的影像内容。作为研究的一部分要让受试者在巨浪中漂流或登山，这就形成法律责任上的噩梦，史帝克古尔德要通过这项研究看看是否在新的实验中也能出现这样的影像。结果甚至也出乎他的意料。

在第一个实验中，他把志愿者召集在一起玩一个叫作特特里斯（Tetris）的电脑游戏。参加游戏的人要把屏幕上的几何谜棋子重新组合起来。参加游戏的27个人每天要玩7小时，连玩3天。其中的10人在此前曾玩过任天堂的游戏，所以显得十分精通，而其余人则是新手。在新手中有5人患有健忘症，他们是史帝克古尔德有意加进去的，他想观察这些人的梦中影像是否有游戏的内容——而他认为这几乎是不可能的。

夜里，受试者刚刚睡着才几分钟就被人唤醒。当问到他们头两天夜里梦中浮现了什么的时候，有60%的人描述说夜里起码梦见到一次特特里斯电脑游戏，所有人都描述了完全相同的影像：屏幕上的特特里斯棋子。绝大多数的梦都是第二天情境的重现，而不是第一天的情境。史帝克古尔德说："这说明大脑也需要更多的时间多接触游戏，才能决定梦中回放的内容。"

出乎史帝克古尔德意料之外的是，健忘症患者也说他们在梦中看到了史帝克古尔德游戏的影像，而尽管他们在清醒时根本记不住这个游戏。"我非常震惊，因为我们以前以为睡眠的一个阶段是依赖健忘症患者所不具备的插曲性

（自传性）记忆的，这个阶段应该是在睡眠初始阶段。"健忘症患者在梦中回放特特里斯游戏影像的事实说明，自传性记忆——也就是让我们联想到诸如名字、次数、地点等一些我们要有意识地进行记忆的特别事件中的细节——并不是梦中影像的源头。实际上，梦中影像是从健忘症患者也同样具有的程序性和事实性记忆中得到的，而程序性和事实性记忆都是从神经皮质的更高级程度上得到的，神经皮质在接到传感信息并将其与原有的信息合成后，形成自传性记忆。以前，科学家一直以为意象和记忆就是这样产生了我们在夜间快速眼动期间出现的幻觉梦境。但是，因为睡眠似乎把日间更多的源自生活的真实事件复制出来，所以史帝古尔德说，他的研究成果正好说明所有梦中影像来自皮质，由皮质对最新的经历和以往的记忆碎片进行了组合。史帝克古尔德说："我们现在掌握了关于梦源自哪里的实验数据，而正因为这一工作程序对正常人和健忘症患者都是一样的，这就需要用我原来做生物化学家时所掌握的严格科学标准来解释了。"事实的确如此，当特特里斯的研究在《科学》（Science）上刊出时，就标明这本权威科学杂志30年以来首次刊登与做梦研究有关的文章。对健忘症患者所做的实验结果表明，出现在梦中的这些无意识的关于特特里斯的记忆影响了他们在清醒状态下的行为。研究人员每天都要重新教一遍健忘症患者如何玩特特里斯游戏，但他们发现，每次游戏开始之前，都有一名患者会本能地将手指放在玩这一游戏所最常用的3个键上面。史帝克古尔德说："他并不十分清楚他在做什么，但他却这么做了。记忆可以在脑中被提取，但这都是无意识的，不能指导我们的行为。"

  这个实验还说明了大脑是如何把它认为毫不相关的信息编辑到一起的：梦中都不曾出现做梦人或测试房间里的任何细节，只有学习游戏时的关键性影像得以回放。大脑不停地将各种记忆碎片拼接在一起，绝不是像在电脑屏幕上看到的黑白特特里斯游戏图像，其中一位游戏高手在梦中梦到的数字都变成彩色，玩时还伴有音乐，与他多年以前学玩任天堂游戏时的经历相同。新旧图像结合后重新回放不单只是日间事件记忆的回放，而且是通过融合进行了重新组合。

  在接下来的研究中，史帝克古尔德和他的同事又让受试者玩了一款更加刺激的游戏——阿尔卑斯滑雪者Ⅱ（Alpine Racer Ⅱ），可以在梦中梦到更鲜明的影像。16 名受试者中有 14 人都说在刚入睡时就梦到游戏场景，另有 3 名测试者只是在一旁观看其他人游戏也在梦中梦到游戏场景，这项研究中有 90% 的受试者梦到游戏场景。

我本人也曾在史帝克古尔德的实验室里做这一实验，我用了几乎一个下午打阿尔卑斯滑雪者游戏。我用手敲击着键盘，感觉就像双手握着滑雪杖，双脚踏在滑雪板上进入弯道向下滑行似的。就在我向下滑行时，透过崎岖不平的滑道和急弯，我将注意力集中到了眼前的电脑屏幕上。那天夜晚，在我熄灯睡觉时，脑海中就开始出现在阿尔卑斯滑雪游戏中反复出现的弯道图像。我一直躺在床上阅读当天的报纸，根本就没想游戏的事，这恰恰就证实了史帝克古尔德的观点。

史帝克古尔德说："我们都认为我们的头脑属于我们自己，但是大脑有一套自己的工作程序，它会挑选出应该记忆的事件存储到意识头脑中，所以在类似于现在这种实验中，我们就能够让大脑展示某些工作程序。记忆通过不同的方式存储到皮质中，而睡眠期间，大脑就像计算机网络浏览器一样，把新的信息与原存储记忆归类合成，形成新的有用的信息。"

史帝克古尔德认为，在所有的梦中都不会有自传性记忆，绝不仅仅是在睡眠的初始阶段。没有外部世界的输入，也无法进入通常在清醒状态下组织管理我们记忆的系统，大脑就得寻找有创意的方式，把未经过加工的新经历的信息与原有的记忆融合在一起。当白天的经历被融入更加复杂的陈述性梦境中，就会以比较松散的联系结构，而不是自传性记忆式的真实情景回放，就像哈佛神经心理实验室史帝古克尔德的同事马格达林（Magdalene）和罗尔·福斯（Roar Fosse）在 2003 年所做的研究一样。在两周多的时间里，他们让 29 名受试者记录下他们白天的活动、经历的事件和他们的感受，同时记录下他们夜间所做的梦。当这些日间经历被存储下来，在梦中回放时，其中 65% 的内容都是白天的经历，只有不超过 2% 的内容为自传性记忆的回放。他们把这种梦定义为具有起码 3 种真实生活特征的梦，包括地点、人物或与此相关的行为。

并不是所有的梦都源自白天的经历，实际上，经研究发现，只有半数以上的梦为弗洛伊德所说的"日间残留"。蒙特利尔神圣心脏医院睡眠研究中心主任托尔·尼尔森（Tore Nielsen）的研究表明，只要"日间残留"以某种特别方式出现在梦中，也许还会在接下来的一周再次出现。尼尔森自20世纪80年代起就一直致力于解开为什么白天的经历会在夜间的梦境中重现之谜，而他的研究成果也成为被他叫作"梦境滞后现象"的最好注释。所谓的梦境滞后不过是人在白天的行为经历，在当天夜里以人物、环境背景或其他一些具有个人特色的形式通过大脑皮质反映到梦中。而到第二天半数以上梦中所现的前一天的经历，会被大脑遗忘。但如果此情此景再次在梦中浮现，就一定还会在一周后再现。尼尔森在接下来的研究中发现，所谓的"梦境滞后现象"更多地出现在女性身上（通常男性在一两个晚上之后就将以前的经历抛之脑后），而一周后再次出现在梦境中的内容又大都与情感有关。尼尔森说："这些梦或是影响到人的情绪，抑或是使人对本来漠不关心、毫不在意的事情十分敏感，在梦里通常也表现为悲伤或是愤怒，但绝不是恐怖。这些梦不过是人的想法，而不是噩梦。"

尼尔森在研究中还发现，"梦境滞后现象"在一些特别恼人和骇人的经历中表现得更加明显。他组织一组实验者观看了一部印度尼西亚村民屠杀水牛的电影，之后进行跟踪测试。结果最早是在之后3天的梦中再现电影内容，然后是1周，再然后是10天后再现，这和对空中跳伞运动员所做的跟踪测试结果相吻合。

事件发生之后在梦中出现的时间是视事件发生时被专家称为脑内海马状凸起的"海马"向新脑皮质传递信息，随后又为做梦提供素材的时间长短而定，而尼尔森却认为，给人造成巨大压力的事件在梦中出现滞后是因为大脑需要更多的时间处理负面情感。所以说，梦对所发生事件星星点点的记忆起着强化的作用，梦成了情感宣泄的一个渠道。

我们知道不管是学习弹钢琴还是因为应付历史考试而强记历史事件所发生的日期，都需要学习强化记忆。梦境研究者通过研究很快得出结论，即睡眠过程中做梦是一种脑活动，对于接受新信息、掌握技能帮助极大。芝加哥大学生物学教授丹·马戈里阿奇（Dan Margoliask）说道："我所认识的许多科学家同时也是音乐家，他们都有过学习演奏某种复杂的新乐器但学不会，可睡了两夜之后重新演奏，没有再练突然就上手了的经历。这说明了什么？这种现象说明，我们通常是马上提出问题，试图立即解决，而又总是在以后才能真正把握

精髓,解决问题。"

马戈里阿奇与马休·威尔逊(Mattkew Wilson)一样,通过对动物的实验研究,寻求问题的答案。他在实验中发现,老鼠会在梦中重游迷宫,鸟类也会在梦中哼唱求偶时唱的美妙歌曲。马戈里阿奇在对燕雀、金翅雀等小型鸣鸟模仿成年鸟鸣的模式进行了研究之后说道:"不仅仅是幼鸟在首次学唱时需要倾听自己演唱的歌声,就是成年鸟也需要经常倾听自己的歌声,才能够唱准。在这点上,人类同鸟一样,也需时常倾听到自己讲话的声音,不然就会像耳朵失聪的人一样,讲话能力随耳朵失聪而丧失。"

科学家们曾经证实,鸟在唱歌过程中所需要的声音反馈在鸟清醒时出现,但据马戈里阿奇的研究,来自鸟清醒和睡眠状态下发出歌唱音符的神经细胞,会在鸟清醒或睡眠任何一种状态下发出歌唱音符,他录下了鸟在这两种状态下的歌唱。研究人员最初发现,大脑细胞的放电类型会在鸟睡眠的过程中人工播放这些鸟自己的歌唱录音时重现。但他们还发现,就是不播放这些录音,鸟的神经细胞也会以相同的模式兴奋起来,尤其是处于慢波睡眠状态时。

当与重放歌曲有关的声音信号在大脑不同控制歌唱的区域中播放,听力反馈也会突然间由于鸟从睡眠中清醒而中断,就好像突然出现了一个障碍物一般。根据这种最初的研究结果,马戈里阿奇推测,燕雀、金翅雀等小鸟在歌唱和在脑中组织音符时不听自己的歌唱,而是在唱歌的瞬间将听到的信号存储于鸟脑中类似人脑海马状凸起的区域中,并在睡眠时播放。马戈里阿奇说,实际上,无论人还是动物的神经系统都很难在唱歌的同时校正自己。

马戈里阿奇曾在电子邮件中表达过他对于自己过于苛刻,他说,最初自己对鸟类歌唱声在睡眠中重放的猜测也心存疑虑,因为这种想法听上去多少有点不着边际。但现在他认为,由其他研究人员在他的实验室里以及他们所做实验中采集的证据,无不说明快速眼动期睡眠和慢波睡眠都在认知方面扮演着不可替代的角色。

1924年发表的一份科学报告称,良好的夜间睡眠促进学习,但在20世纪50年代,随着快速眼动期睡眠为人们所认识,大量的实验结果给以前的观点当头泼了一盆冷水。在实验中,实验操作人员要求实验对象掌握真实的信息,其中就包括一些毫无关联的词组,比如牛、楼梯等,然后就测试根本没有做梦时间、做梦条件的实验对象的记忆能力是否打了折扣。结果是他们的记忆能力没有受到影响，研究人员因此做出了睡眠与认识毫无联系的错误结论。

卡利尔·史密斯（Cartyle Smith）自20世纪70年代初就随许多美国研究人员一起到法国梦境研究鼻祖米歇尔·朱维特的实验室工作，一直致力于认识与睡眠之间的关系问题研究。他认为，不同的睡眠阶段与不同的学习形式有关。目前为安大略特林特大学（Trent University）神经学教授的史密斯在这一领域跋涉了三十多年，他说："我们用了一个月的时间锯小木条，为老鼠搭建了一个迷宫，然后连续10天，每天24小时观察记录它们在迷宫中活动时的脑活动情况。在迷宫中反应快捷的老鼠在睡眠中快速眼动期的频率远远高于反应迟钝的老鼠。从那一刻起，我就从未怀疑过睡眠与认识相互关联，现在已有足够的证据吸引其他研究人员投入到此项研究当中。"

史密斯和其他人的研究成果有助于解答在睡眠不同时段做梦和认知过程影响着人的认知问题。刚刚入睡的阶段是浅睡阶段，也就是通常所说的第二阶段，通常音乐家、运动员和舞蹈家在掌握一项新记忆的一两天之后就会在这一阶段的梦境中反映自己的进步。

哈佛大学的研究人员马休·沃克（Matthew Walker）在2002年的研究中发现，20%的机动车技能改进提高都是测试对象在清晨起床前两个小时第二浅睡眠阶段中梦到的。史密斯说道："如果你在学习掌握一项体育技能或弹奏一段乐曲，并想达到最好，你就一定要在练习之后睡上一觉，不要错过醒前的第二睡眠阶段。"

第二睡眠阶段之后就是快速眼动期之前的慢波深度睡眠阶段。慢波睡眠多出现在占整个睡眠时间80%的前半夜。到后半夜，快速眼动睡眠期的比率快速攀升，而一旦进入第二睡眠期则又发生改变。慢波睡眠对学习非常重要，这中间也包括真正的记忆，这就是应付历史考试所需的死记硬背。与此相反的快速眼动做梦期就是对"如何做某事"，包括学习一种新行为战略的按部就班式的学习。研究表明，不仅测试对象在接受培训后所经历的快速眼动期睡眠数量增长，而且他们在接受培训之后被强行取消快速眼动期，尤其是在事后的第一个夜晚，那么他们的工作绩效就会下降。

在1994年所做的一次著名研究中，一组以色列科学家在阿维·卡尼（Avi

Karni）和多夫·萨基（Dov Sagi）的领导下测量了视觉分辨的时间，也就是在电视屏幕测试背景上闪现的条状区域的形状。科学家们发现，程序化认识的速度并不是在实验进行时，而是在其后的 8 小时提高的。如果受试者在快速眼动期被反复叫醒，他们就会丧失认知能力，但如果是在浅波深睡时被唤醒，认知能力就不受影响。

　　从此以后，各国科学家也都相继仿造以色列科学家做了相同的实验，但实验结果表明，最佳认知实际上是由两类睡眠的结合产生，绝不是快速眼动期本身。一项研究结果表明，认知是在夜里睡眠的前 1/4 时间里和夜间最后一个 1/4 的快速眼动期间进行的。马休·威尔森在对老鼠做实验时得出相同结论，他认为正是在慢波睡眠期内，脑内海马状凸起中记忆痕得以强化，为此后的做梦阶段，尤其是在醒前快速眼动期的认识打下基础。在睡眠后期的快速眼动期，脑内海马状凸起和与之相联的、对加工情感至关重要的类似于杏仁核的中枢边缘系统结构，以强化记忆认识和加强认识的方法与新皮质中更高水平的加工中心进行信息交换。

　　实际上，分子生物研究也说明大脑就像快速眼动期间形成梦的情节一样在进行着认知。人体的每一个细胞都包含有许许多多的基因，每一个基因都在体内发挥着特殊功能。DNA 细胞在活跃工作期可以为人所测，这种测量就叫作基因表达。2002 年的一项研究表明，当老鼠处于认知过程中，清醒时所表达的特殊基因会在快速眼动期即将结束时出现更强的反映，这一点说明，在分子标准上发生的与认知有关的变化会在睡眠的这个时段发生。但通过麻醉，使脑内海马状凸起停止工作，与认知有关的基因表达就不会再在新皮质中出现。

　　洛克菲勒大学神经病学家康斯坦丁·帕莱兹（Constantine Pavlides）曾与他人合作出版了此项研究的著作，他还是乔纳森·温森（Jonafhan Loiqson）的学生，而温森自 20 世纪 70 年代起就以分子生物研究方式验证其快速眼动期睡眠的生物功能的观点理论。帕莱兹说道："我们曾一度猜测，记忆痕一定是由脑内海马状凸起传送到新皮质之后进入长时记忆的，而我们的这一研究说明，这种现象也可能出现于快速眼动期睡眠中。尤其是在快速眼动期即将结束时，脑内海马状凸起开始与新皮质对话。"

　　对于认识发生点在人进入梦乡之后的研究，给"睡在梦境之上"的说法以全新的解释。史密斯说："快速眼动期后期可能最为重要，我想这个阶段大概就是对认识至关重要的睡眠全盛期。"小睡也很重要。由罗伯特·史帝克古尔德和他的同事近期在哈佛大学进行的另外一项研究表明，受试人在电脑屏幕上进行视觉辨认之后，在4天的实践课程中，随着脑力的减弱，记忆力逐步下降。但在第二阶段实验后补充30分钟的小睡，就能有效改善记忆；而补充一个小时的睡眠，受试者的记忆能力就会在第三、第四阶段显示出上升趋势。

对快速眼动期影响认识持怀疑态度的人举了两个与该理论完全相悖的例证。第一个例证为一名以色列人，他在20岁时遭枪击，脑干受伤。研究人员在他33岁伤病已经恢复之后，对他的睡眠模式进行了跟踪测试。研究人员发现，在大多数夜晚，他根本就没有快速眼动期睡眠，就是在出现快速眼动期的夜晚，这一时段也不超过他整个睡眠时间的3%。然而，这并未影响他的记忆能力，因为他在受伤之后仍然完成了大学法学院的学业。洛杉矶加利福尼亚大学心理学和生物行为科学教授杰罗姆·西格尔（Jerome Siegel）以嘲讽的口吻说道："很明显，没有什么职业能比法律更不用脑子，所以才可能出现没有快速眼动期睡眠，记忆力还不受到任何影响的情况。"西格尔和一些与他观点相同的人还提出另一个理由，对记忆过程中睡眠的重要性一说提出质疑：一种被叫作单胺抑制剂的抗抑郁药能极大地减少或完全消除快速眼动期睡眠，而且，尽管受试者长期服用此药，也没有出现任何记忆力受损的不良反应。

史密斯对此提出反驳意见。他说："法律学校的要求和在测试以色列人记忆力时的课程都属陈述说明性记忆，而恰恰是这种记忆最可能受到取消慢波睡眠，而不是取消快速眼动期睡眠的影响。"与此同理，所有对服用抗抑郁剂患者的测试主要关注的都是陈述说明性记忆，因为未经历快速眼动期的人依然能够记任何人名、地点和事件。因为认知不仅仅发生在睡眠期间，所以人们仍可正常学习工作，但效率会远逊于夜间快速眼动期睡眠正常的人。学习结果好坏的区别可能在几天或几周后显现，史密斯说目前还未对此进行研究。

也许最能说明我们做梦时确实也在学习的结论是在利用大脑成像技术所做的研究中得出的。就像马休·威尔逊对在迷宫中乱窜的老鼠所做的实验一样，记录人体中每个大脑细胞的活动也是个难题，科学家们利用大脑成像技术观察受试者在接受一项新技能的过程中，大脑的哪些区域反映最为活跃。他们还在受试者睡着时再次观察,看哪些相同的区域会在大脑中再次活跃,重现活动经历。

其实,这也是皮埃尔·马奎特(Pierre Maquet)曾经的研究课题。皮埃尔·马奎特在比利时列日(Liege)拥有一个研究实验室,他于2002年在这里做了多次实验。在实验过程中,他让受试者坐在有6个固定标号的计算机屏幕前,每一个标号都在键盘上有一个相对应的识别键。一有闪亮的信号出现在某一标号下方,马上就消失,然后又会出现在另一标号下方。每当信号在一特定标号下频闪,受试者就需要迅速按下与该标号对应的识别键。一组受试者认为信号闪动毫无规律,因而对他们而言就没有什么可以提高能力的东西所学。而在第二组受试者看来,信号的频闪一定有不为他们所知的奥秘深藏其中。他们认为,信号绝不是毫无规律地闪动,其中一定有其可为人破解的模式,也就是某种人为的基本原理。就像蹒跚学步的孩子掌握母语语法一样,大脑开始识记破解其中的规则。马格特解释说:"受试者并不知道他们是在学习,也不知道他们在学些什么,但我们却可以通过测量他们做出反应的时间,准确判断出他们是否学有所获。"

两组受试者下午在计算机前接受了同样长时间的测试。晚上入睡后,马奎特用PET扫描器监测他们大脑的活动。用PET扫描器可以通过测量血液的流动掌握大脑的哪些部位最为活跃,而最为活跃的部位恰是图像中最亮的区域。有些受试者在不知情的情况下,了解了信息闪动的人为规律,也在清醒状态下坐在计算机前接受了测试,以发现在学习掌握工作技能中,哪部分大脑最为活跃(为尽量减少受试者在PET扫描时所受辐射的伤害,受试者要么接受清醒状态下的测试,要么接受睡眠时的测试,绝不可参加两项)。

当马奎特对学习掌握规律的睡眠中的受试者进行扫描时发现,清醒状态下和处于快速眼动期睡眠状态下的受试者在学习掌握技能时大脑活跃区域相同。而在那组认为信号为无序排列的受试对象脑中就无活跃区域,很明显大脑控制着键盘。

马奎特说:"两组受试者在相同时间里做了相同的事情,他们也都在看到屏幕上的信号闪动时按了键盘。所以说他们之间唯一的区别只在于,一组人员有可学的事情,而另一组却没有什么可学的。"这个例子说明,大脑在快速眼动期睡眠中重新活跃，在脑海中浮现曾经的经历，但前提是一定要有新东西可学。还有一点也和认识有着极大的关系，那些在培训课上反应最快的受试者的相同大脑区域，在快速眼动期也是最为活跃的。综上所述，我们有越来越多的证据表明，记忆的强化发生在快速眼动期睡眠期间和其他睡眠阶段。

我们知道，梦境在睡眠中清晰显现时为大脑情感区域最活跃的时段，但只有一个特别的记忆被过滤出来，在脑中浮现。托尔·尼尔森说："我认为，在快速眼动期出现的梦境都和情感有关，这才是大脑给人所传递的信息。"

这个说法已经被许多研究证实，证明做梦扮演着体内治疗师的身份，帮助人们调整解决白天的情感经历。尽管大多数的梦都是在无意识状态下完成，也未在记忆中留下痕迹，但却能给清醒状态下的我们以极大的影响。正如罗伯特·史帝克古尔德所说："解析梦义，而绝不仅仅是记录，这才是夜间大脑思维的目的所在。"

第六章
夜间疗法

我们对梦的情感还没有梦对我们的情感多。

——鲁斯琳娜·卡特莱特

在芝加哥7月一个温和的夜晚，22点30分，一个30岁的男人很耐心地坐在睡眠实验室的床边，悠闲地看着电视。与此同时，他的头上连着许多电极，用以记录他睡眠状态下的脑电波活动。他来这是为了参加刊登在报纸上的应征实验对象的活动，参加这项测试梦的模式研究的实验对象都是离了婚的人。当他处于快速眼动期睡眠状态时，都会有一个研究人员发出柔和的声音，他就会通过内部通信系统被叫醒，而这个研究人员是在大厅下面的监视室中让他描述他的梦境，以及由梦境引起的情感。这个被测试的人说："在家里，我只是能偶尔记住我做的梦，而在实验室，他们唤醒我时我还在做梦，这样，我就能够描述梦中的场景和人物，并意识到我每天晚上一定都会像这样做梦。"

这位男士在6个月前结束了他的第一次婚姻，他是30个参与研究的实验对象中的一员，这项研究是由一位名叫鲁斯琳娜·卡特莱特（Rosalind Cartwright）的梦境研究者主持的，她经验丰富，研究的目的是为了检验她的理论——梦实际上是情绪调节器，能够帮助我们抵制消极情绪，这样我们醒来时的情绪会比进入睡眠时的好。在芝加哥的拉什长老会-圣卢克医疗中心，卡特莱特监管着睡眠障碍服务与研究中心。她认为，如果夜间的情绪调节过程扭曲就只会令我们做那些毫无意义和情感的梦，醒来时心情沮丧，这是一种人们所承受抑郁状态的共同现象。她对这些经历过婚姻破裂的人进行了长期研究，结果表明那些能够恢复并且继续生活的人的确有一种做梦的模式，这种模式从某种意义上讲与那些一直抑郁的人有所不同。她的研究结果对于那些研究人员利用其他科学方法,来检查做梦是否对调节我们的情感生活方面起到作用的试验也适用。

在20世纪60年代,卡特莱特就已经积极地投入到梦的研究中,她在离婚的时候建立了第一个睡眠实验室。她回想起以前:"因为我感到很伤心,而且睡不好觉,所以我想不如在晚上做一些有价值的事情。"她的母亲是一位诗人,经常清晰地梦到与家人一同吃早餐,所以她从小就对梦着迷。而实际上,她更加留意她父亲声称根本没做过梦的话。卡特莱特说:"为什么有些人是大梦想家,而有些人却不是,我一直对此感到好奇。"

虽然卡特莱特起初是同有名的精神治疗医师卡尔·罗格一起从事研究,但是后来秘书使她萌生了钻研新领域的想法,于是她转而对梦进行研究。当时,她的秘书正巧与工作在芝加哥实验室的威廉·德蒙特约会,也就是在这个实验室,快速眼动期睡眠被发现。卡特莱特说:"我的秘书开始给威廉·德蒙特打电话并感到万分激动,因为他们发现了人在睡梦中眼球运动是如何做出指示的。而我说'嗯,那挺有趣,但是我们得做点什么。'她嫁给了威廉·德蒙特,一直都过得很幸福。后来,我意识到研究梦是很重要的,还始终对此非常着迷。"

卡特莱特多年对梦的研究结果表明:同其他研究者的观点一样,人们在梦中最为主要的情感是消极的。1991年一项研究将人们在清醒的事件中产生的情感与梦中的做了对比,发现在梦中很少产生积极情感,而且恐惧感要远远高于清醒时的状态。记录实验室和家庭的几项梦的研究也表明在梦中有超过2/3的情感是消极的。哪些感情会明显根据研究的不同而变化,但是这些都在不考虑研究时间和地点的条件下被归为相同的情感范围。例如,1966年对1 000名大学生的一项调查研究显示,其中有80%的学生有消极情感,大约一半学生被归为情感忧虑一类,而另一部分则是悲伤、愤怒以及迷茫的一类。同样,1996年由研究人员斯维斯在睡眠实验室进行的一项研究表明:消极情感产生的概率是积极情感的2倍,同时会伴随着愤怒、恐惧和抑郁等情绪。随后,在2001年塔夫茨大学小组对1 400份梦的记录分析显示:大部分梦中的影像都反映了做梦者由无助、忧虑以及内疚所引起的恐惧感。

当然,积极的情感也会产生在梦里。2001年在挪威展开的一项研究表

明，喜悦或兴奋产生在梦中的频率很高，它占情感的36%；惊异紧随其后，占24%；愤怒占17%；焦虑或恐惧占11%；而悲伤只占10%。这项研究的一位主要领导者劳尔·福斯认为，积极情感所占的比重可能与它如何产生有关。实验者利用轻便的脑部影像仪器来监视实验对象，而且这些实验对象都是在自己家中，并在快速眼动期睡眠状态下被唤醒后做记录，实验者还会让他们记下在梦中发生的事以及情感强度。福斯认为，单一地对梦的记录进行判定往往会将带有积极情感的事物描述得很保守，就算在实验对象醒来的同时做记录也是如此。带有消极情感的梦所占的比重之所以大是因为他们经常被扰乱睡眠，于是便很有可能被记住。卡特莱特在她的实验室研究中却反对这种观点，她认为做梦者在睡梦中也可以被唤醒，而且大多数情感仍是消极的，在其他对梦的记录研究中也是如此。福斯也承认，还有其他的因素包括情感的不同感知力以及实验对象的个性差异都会影响研究结果。此外，在对梦中情感的大规模研究中，某些变量也应该被考虑进去。福斯的研究只是测试了年龄在30～60岁之间的9个实验对象。

卡特莱特在做梦者中发现抑郁情感占主导地位后，她便猜想：有一种综合的感情经历——尤其是在我们感到有压力或是失去自尊时。当我们处于快速眼动期睡眠状态下并产生复杂且清晰的梦境时，这种感情经历是所发生事物的重要组成部分。当然，这种消极的感情色彩同时伴随着一种迹象——快速眼动期睡眠以一种脱机处理信息残留物的方式进行着。对此，卡特莱特做了以下解释："我们的大脑给我们所经历的一切贴上了情感标签。在快速眼动期睡眠状态下，那些经历主要是被选作应对愤怒、恐惧、抑郁或焦虑等情感的。消极情感与积极情感的比例是可以变化的，如果某个人有一天过得很顺利且心情非常好，两者的比例是3∶2；而对于一个工作上遇到很多困难的人，两者的比例就会变为19∶1。然而，这种趋势不会对所有人有影响。这些情感也是我们必须经历的，只有这样我们才可以醒来去面对第二天。"

梦中大脑成像的研究兴起于20世纪90年代后期，研究发现，在边缘系统中有一些被称为情感记忆中心的结构，这些结构在快速眼动期睡眠中要比清醒时更具有活力，而对大脑思考发出指令的前额皮质却几乎停止了活动。对于这些发现，卡特莱特坚信不疑。此外，快速眼动期睡眠中被激活的脑皮质区域在解剖学意义上与扁桃体有着联系，还与引起我们打架和飞行这种反应的大脑一部分有关，同时也对我们无意识的情感学习起着重要作用。快速眼动期睡眠的主要研究者皮埃尔·马盖特利用大脑成像原理得出了以下结论：在这些特殊的大脑区域里，一些物质的相互作用实际上是在处理情感记忆的表现。

卡特莱特认为，当做梦时，你就会更新大脑中"你是谁"的观念。也许偶尔你进入梦乡只是为了在梦中游玩，这是因为此时的生命是相对平凡的。然而在大部分夜里，你是伴着一些尚未解决的情感问题入睡的。如果你无意中听到有人说你胖了，还不断地唠叨你工作的安全问题，或是你与伴侣或孩子吵架后感到十分难受，这些都能对你的自尊心造成一定的伤害。在你进入快速眼动期睡眠状态时，如果你的大脑情感记忆系统忽然高速运转，这种状态叫作冲突，它能够把一些影像拼凑在一起形成梦境，而这些影像在你一天结束且无论哪种情感占主导地位的情况下都会以某种方式与这种情感联系起来。卡特莱特说："在我们醒来时，往往习惯了逻辑与线性思维——像直线一样由一个事物想到下一个事物。然而，梦的形成就像苏格兰彩格服的图案，伴随着置于早前记忆顶端的新记忆，全部由我们的感觉来连接，而不是逻辑。"

卡特莱特的研究发表于1998年，她的研究对象是60岁正常的成年人和患有抑郁症的70岁的人，卡特莱特将他们做梦的模式进行了对比。她表示，对于多数人来说，在快速眼动期睡眠的初期，他们在梦中的情感大部分是消极的，而在快速眼动期睡眠的持续阶段，梦不只在情感上变得积极，还结合了做梦者早前自身的记忆。其他的研究者还发现，在夜里，做梦者往往要晚一些才做反映童年记忆的梦，而在此期间，做梦者的体温达到了最低点。

卡特莱特说："如果你入睡时的注意力集中在最近令你失落的感情问题上，大脑就会用近期的信息把你的经历覆盖上，这些经历都是在同一情感的记忆系统中相匹配的。"在随后的每一个快速眼动期睡眠期间，梦中的故事情节不仅更加复杂，还出现了距离近期越来越远的陈旧影像。这就是为什么你的一年级老师在梦中做了客串，并和你的老板闹别扭。如果在快速眼动期睡眠的后期，比如在清晨做的梦，你会感到梦得很舒适，情绪也会好转。而你的大脑会搜寻长期记忆中的匹配对象，这些记忆都与同一情感有着联系并起着积极的作用。

虽然有些人情绪抑郁，但是他们做梦的模式却有很大不同。他们通常要比

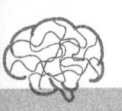
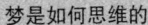

那些没有抑郁情感的人早一些进入快速眼动期睡眠前期，而令人惊讶的是，在他们梦的中段缺少任何一种感情。但是随着夜晚慢慢过去，他们的梦逐渐充满更多的消极情感。卡特莱特指出："那些承受抑郁的人总是在清醒时沉思。倘若你跟他们说他们看起来很不错，他们反而有另一种想法，认为你说这些只是因为你想向他们借钱。而当他们在快速眼动期睡眠状态时，脑中几乎贯穿了全部来自记忆的消极画面，并增强了焦虑和恐惧的情绪，从而将梦境放到了首位。如果在你睡梦中的大脑里浮现出苏格兰彩格服，除了一个又一个的相反画面再没别的什么了，那么，你醒来后感到心情会更加压抑，这是很正常的。"

在卡特莱特最新的研究中，她补充了新的实验对象。这些实验对象都是第一次结婚就离婚的人，在他们作为研究对象期间，心理测验分数显示了他们抑郁的症状，但是，他们却没有注意到，而且没有接受治疗。卡特莱特说："因为有相当一部分离婚的人都有一段不愉快的经历，而他们中的大部分没有经过药物治疗就克服了这种情感，所以我想知道他们自己是怎样做到的。"在5个月的研究中，实验者在实验室里定期对实验对象的做梦模式进行研究。在晚上，实验对象来到这里，记录下他们的情绪，到了清晨再记一次。他们还会周期性地与卡特莱特会面，对于婚姻问题是如何解决的，以及在情感上他们是怎样面对的，这些都有记录。最后，再一次测试实验对象以检查心理抑郁的迹象，然后，这些结果用来与先前的测试分数作对比。对完成研究的前12个实验对象的监测时间要长一些——8个月，在此期间，9个实验对象摆脱了离婚后的抑郁情感。而剩下的3个测试结果表明，在研究的后期，他们仍然感到情绪低落。在做梦的模式方面，这两组也有很大的差异。对于从抑郁情感中恢复过来的实验对象，52%的记录表现为做梦情绪良好，且梦中通常融入了以前的伴侣或失败的婚姻。然而，对于仍然陷于抑郁情感中的实验对象，只有24%的记录中有那样的梦。但是，卡特莱特解释说："无论我们是否记住了梦，这些梦都可以发挥作用。对于那些恢复过来的人，梦被记住的概率是那些没有恢复情绪者的2倍。所以，记住梦境可以提高做梦的疗效。"

同样，德国的研究者麦克·施莱德尔在位于曼海姆市的心理健康研究中心也指导着研究，他在一项研究中表示，那些通过住院接受治疗戒了酒的人，在之后一段时间中的梦都会与喝酒有关，而这些人很有可能在随后的一年里保持良好状态。施莱德尔还得出了结论——梦想再一次遇到喝酒的机会以及回想起那些梦，这两种方法也许会有疗效，因为那些梦有助于发展应对策略，从而避免我们在清醒时从车上掉下来。

对于那些克服了由离婚所引起抑郁情感的人，他们以前的伴侣在梦中作为角色出现，这种作用是会随着时间改变的。对此，卡特莱特表示："起初，梦中的前伴侣有愤怒或忧虑的感觉，但是，在研究后期梦的记录中，前伴侣会以这样的一种状态出现——梦者正与之脱离关系并享受着单身和自由的快感。"以下一段研究后期的记录是来自一位从抑郁中恢复的妇女，这段记录对卡特莱特的观点作了解释：

> 我一直都希望能有时间回学校学习。于是，我想给学校打电话了解一下课程安排，可惜没找到电话号码。我认为假期可以去迪士尼玩，两个孩子和我，只有3个人，既高兴又激动，我已经很久没放假了。说起来也很奇怪，因为我往往都得经过他们父亲的同意才可以带孩子出去，但是由于某种原因却还是可以。带着孩子去度假是我的选择，我没有必要去征求别人的意见。

另一个实验对象梦见了一场比赛，在比赛中所有的参赛者都驾着飞机像第二次世界大战中的轰炸机一样飞翔。而他的前妻却想尽一切办法迫使他退出比赛。此时，做梦者是和另一个妇女坐在他的飞机里。这名男性认为这种在梦里超然的感觉是积极的情感，他说："在梦里，我的妻子讲的是法语。我突然想到我应该少与别人有瓜葛和爱慕之情。至于发生了什么事，我真的没有去关心。"卡特莱特做了补充，说做梦者本身没有讲法语肯定了一点，就是做梦者与以前伴侣顺利脱离了关系，而他的梦却使此情境戏剧化。卡特莱特还解释道："他是这样说的，'我一看其他女人时，我的前妻就会肆意地骂我，然而，我没有在意，甚至不知道她在说什么'。"

卡特莱特做了总结：形成和回想状态良好的梦可以与当前的情感和以往的记忆有积极的联系，这两种能力可以明显增加从抑郁中恢复的机会。她还在最新的研究中验证了一个理论，即作为一个情绪调节器，梦是怎样使人们的快速眼动期睡眠失效的。卡特莱特说："我们有能够扰乱普通人群快速眼动期睡眠的足够迹象，这些迹象令他们醒来时更焦躁、更疲惫。然而，如果抑制了那些带有抑郁情感人的快速眼动期睡眠，事实上就可以调整他们清晨的精力和情绪。"其实，给人们不愉快经历的快速眼动期睡眠通常会使人们的心情变得更糟而不是更好，这是因为在梦里，快速眼动期睡眠一直在增强消极的反省和沉思，而这些都会在清醒时重新占据人们的思想。

秉持着以上的观点，卡特莱特想知道在实验室用来收集梦的每一个步骤是否都会有疗效，这是因为每次都涉及扰乱快速眼动期睡眠的因素。对于抑郁和正常的实验对象，卡特莱特采用一种严格的方案。凭此方案，实验对象在进入快速眼动期睡眠初期的 5 分钟被唤醒；在进入第二阶段的 10 分钟被唤醒；第三阶段的 15 分钟被唤醒；以后的快速眼动期睡眠里，20 分钟被唤醒。如果做梦正在进行，扰乱快速眼动期睡眠的时间框架就会调节，即在此期间，快速眼动期睡眠周期随着夜深而增加。这些持续的扰乱使其中一个实验对象感到很受挫，于是她就很诙谐地向卡特莱特贴出了对抗口号，大字是"我要做梦"，而小字是"……我还希望你让我把梦做完。"

卡特莱特正在研究有意打断这些抑郁人群反复、消极的梦境模式是否可以唤醒他们情感的记忆系统，从而产生新的联想，而这些联想又可以在梦中提供更多积极的事物，调整早上的情绪。她说："在快速眼动期睡眠期间，反复地把他们叫醒，让他们对实验者叙述梦境，并在进入下一个快速眼动期阶段时，中断梦里消极的结果。倘若有一条通过记忆系统的积极路径，那么他们就会有绝好的机会接近它。"她还表示："同样，如果打断了快速眼动期睡眠，大脑就会产生一种越来越想进入快速眼动期睡眠的力量——我们在研究中发现，他们从每晚平均 3 个快速眼动期睡眠周期提升到 5 个。这样，对于实验过程来说，他们就会有更多的机会来做完梦。"

缩短快速眼动期睡眠周期还可以提高做梦时的情感强度，而该方法是由快速眼动期睡眠中眼球运动来衡量的。卡特莱特解释说："我们以前就知道稀疏的眼睛运动与一些空白的梦有关，而密集的眼睛运动却与情感丰富的梦有联系。"她还说："我想我现在真的遇到问题了。在我们的研究中，通过打断快速眼动期睡眠和打破日益增多的消极梦的周期，而且未经过药物治疗和精神疗法，我们看到情感抑郁的实验对象有所好转。"

埃里克安·诺弗辛格采用不同的方法来解决类似的问题。通过观察健康实验对象和患有抑郁情感并接受治疗的两组实验对象大脑，他正在研究做梦是否对调节情绪方面起了作用，并把梦在他们睡眠期间和清醒时所起的作用加以比较。诺弗辛格发现了值得关注的迹象——对于快速眼动期睡眠中大脑在生理上发生的变化，在健康的和带有抑郁情感的实验对象之间存在着极大的差异。诺弗辛格是一位从事睡眠影像研究规划的精神病专家和医生，在匹兹堡市西部精神病临床研究所工作。1997年，在众多研究者中，他通过性能鉴定实验扫描提供了第一份睡梦中大脑的影像。后来，又是他所看到的事物使他做了猜想，即对于在快速眼动期睡眠中大脑发生的一切，日常情感经历的合成体确实浮现在我们心中。

诺弗辛格发现的第一张梦中大脑的影像就挂在他办公事的门旁。这张影像是通过性能鉴定实验扫描制作出来的，它将全速运行的大脑边缘系统展现得清晰可见。诺弗辛格越来越坚信一个观点，即正在进行的任务综合了现在和过去的情感经历。他说："如果你把快速眼动期睡眠与清醒状态下的大脑加以对比，边缘系统的活化性就会提高15%。这是个巨大的飞跃，因为对于大脑活性的区域变化来说，你所看到具有代表性的也就提高了3%～4%。很明显，我们看到在快速眼动期睡眠中正靠近情感的行为，还看到大脑被某些要处理的任务塞得满满的。"

诺弗辛格在大学期间就有写梦的日记的经历，从而使他有了感悟。他说："在上大学期间，我一直都在记录我做的梦。我很明确，对于我们的生命来说，有一种情感潜流出现在梦里。相同的故事情节会在2～3个月后重演，而且那些梦所反映的事物是情感的调节和成熟。"

在做性能鉴定实验扫描研究期间，诺弗辛格都会等实验对象在清晨醒来2～3小时后再对他们进行检测，因为有关身体正常的日常节律的研究表明，通常我们在这一时间段的思维最敏捷。随后，诺弗辛格又对非快速眼动期和快速眼动期睡眠的实验对象做了扫描。健康的实验对象大脑的影像显示，在清醒时，处理感觉信息和指导逻辑思维的脑皮质外部区域要比边缘系统和脑干的活性高得多。对于非快速眼动期睡眠的实验对象，那些做出决定、引导注意力的脑皮质区域活性会降低，同时，接受外界信息的大脑区域也会进入静止状态。

在快速眼动期睡眠中，边缘系统一个产生最激烈活动的部位被称为前部环绕脑回。诺弗辛格说这个在脑皮质内表面的区域会对所有信息处理任务做出反应，这也许与我们对周围的感觉变化有关，而且它还会使以前的经历具有意义。

其他一些研究者也将注意力放在了位于大脑前部这一结构的作用上。弗朗西斯·克里克是诺贝尔获奖者，由他所著《惊奇的假设》(*The Astonishing Hypothesis*)一书对意识的神经脊柱做了分析。他还做了推测，即前部环绕是自由意识的中心，而我们独立表现自我的意识就是由此产生。

艾伦·布劳恩和汤姆·巴尔金在国家健康研究中心做大脑成像的研究，起初，他们在快速眼动期睡眠中也发现了前部环绕活化的最高点。随后，他们将醒来后5分钟的大脑成像作了比较，又将20分钟的作了对比，所得的数据表明：只有在醒来20分钟后，前额皮质才被完全激活。这样，布劳恩和巴尔金就可以对体现出清醒后特征的警觉损伤和感知表现作以解释。通过对比他们发现，前部环绕在醒来时立即活动起来，而这一活动在随后的20分钟里并不发生变化，与脑部其他区域的功能连接也是如此。布劳恩说："说明这些就是为了表明前部环绕皮质在本质上是支持意识的。在克里克的论点中，前部环绕是自我认识的源泉。根据我们现在的研究结果，我想他是对的"。

诺弗辛格对抑郁和健康实验对象的对比研究表明：在快速眼动期睡眠中，与自我感有联系的脑部重要区域不仅会产生活动，还关系到发觉感情经历的意义以及引起如打架或飞行本能和性驱动的原始冲动。非抑郁的实验对象在做梦时，这些情感中心是脑皮质产生活动的动力。诺弗辛格说："梦似乎在情感上控制着白天的信息，并在脑皮质处将信息与更大的肢体信息连接起来。这是特殊的机体或是来自每个个体的经历。"然而在醒来后，这些在快速眼动期睡眠期间受控区域的活动会慢下来直到停止。

但是，对于那些抑郁的实验对象，扫描图像显示的做梦模式也有很大不同。在梦里，抑郁实验对象的大脑情感系统甚至要比正常人群的活性高——活动的强度体现了对压力的反应。在抑郁实验对象中，边缘系统在受控状态下依次激活前额上皮以及相关的皮质区域，这些相关的区域在清醒时可以解决问题并进行逻辑思维。当然，对于非抑郁的实验对象，这些区域在梦中几乎完全中断联系，并进入其他睡眠阶段。

诺弗辛格说："对于健康的实验对象来说，边缘系统在快速眼动期睡眠中会自由地运转，情感也在不断地跳动。尽管如此，它并没有对压力做出像我们在抑郁实验对象中看到的反应，而脑皮质的执行区域也停止了活动。然而，对于情感抑郁的个体来说，大脑解决问题的区域似乎从未停止过运作，而清醒状态下的思维模式在整个夜晚都持续运转着。"同卡特莱特一样，诺弗辛格也认为这可以解释为什么快速眼动期睡眠对抑郁者没有复原作用，反而使他们进一步陷入消极的思维模式。

事实上，有些心理学家认为，一个具备合理功能的做梦体系要比精神疗法更有效，因为后者仍然是鼓励抑郁者更深刻的反省和沉思。乔·格里芬是一位英国心理学家，他用了十多年的时间来研究快速眼动期睡眠以及梦的演化。根据他的理论："弗洛伊德创立了一个犹如污水池的无意识思维模式，没有充分表达出来的情感被抑制在这个池中，而医疗专家的任务就是将有害的情感释放出去，从而让人们自由。但是，研究很明确地显示那些梦只是在每天夜里起了作用。换句话说，自然界其实早在弗洛伊德之前就造就了情感冲动机制。"

欧内斯特·哈特曼既是塔夫茨大学精神病专家，又监管着位于波士顿的牛顿·韦尔兹利睡眠障碍中心，他说如果快速眼动期睡眠在离线状态下确实是调节我们情绪的手段，那么在我们做噩梦时大脑中发生了什么呢？人们所经历的战争、强奸以及车祸所带来的恐惧或是其他的精神创伤，由这些所引起的噩梦，尤其是那些在一般情况下被重复做的梦。通过与记忆系统更广泛地连接以及营造能够反映梦中最主要情感的视觉画面，噩梦确实提供了一扇理想的窗户来让我们了解梦的作用。尽管哈特曼的父亲是弗洛伊德的同事，但是他关于为什么以及怎样做梦的理论是基于对精神病患者梦的广泛研究。他的理论与弗洛伊德的中心理论（所有的梦都是在实现潜在的意愿）相矛盾。弗洛伊德认为，梦就像一条通向思维的无意识活动的捷径，然而，这一点却与哈特曼的发现相一致。

哈特曼说："对于过着正常生活的人来说，每时每刻都有不同的情感在活动，我们很难确定哪种情感处于主导地位。"然而，对于某个刚刚经历过精神创伤的人来说，他所产生的情感既强烈又明显，因此，我们就会很容易了解大脑是如何将情感转化为活动的视觉画面的，这些画面是我们可以感觉到的，但是却具有隐含意义。例如，一个被强暴的妇女向哈特曼提供了一些信息，以下的内容都是她在遭受痛苦后几周里梦的记录：

> 我和一个朋友在街上走着，还有她4岁的女儿。一群穿黑色皮衣的青年打了她的孩子，而她却跑了。我便设法解救孩子。但是，我发现我的衣服被撕破了。所以醒来时我很害怕。
>
> 因为窗帘让我无法呼吸，所以我竭力往浴室跑。我感到窒息并喘着气。我想叫喊，而事实上我没有出声。
>
> 我正在与雷克斯·哈里森拍电影。一会儿，我听到一列火车朝我们开来，声音越来越大，它马上要撞上我们了，这时我醒了。
>
> 梦中充满了各种色彩：我走在沙滩上，一阵旋风吹过来包围了我。我穿的是带彩条的裙子。旋风吹得我转起来。裙子上的彩条变成了一群蛇，缠得令我窒息，我就被吓醒了。

在这个妇女的梦中出现了她以前被强暴的真实细节——一个18岁的强奸犯穿过窗帘从窗户进到屋里，还要用窗帘勒死她——她起初做的梦都令她感到恐惧和脆弱：孩子被袭击、她感到窒息、火车冲向她，还有旋风包围她。

哈特曼说，梦事实上会在视觉形态中将情感融入事件背景。时常出现的旋风或潮汐浪花象征一种强烈的恐惧感。他还指出：一些从大火中获救的人起初都会梦到火，而后就会梦到海浪或是被一群罪犯追赶。

哈特曼发现，经过几周的治疗后，患者的心理创伤逐步有了好转，因为在做梦期间采用了情感活动疗法，而且康复者的梦是一种可识别模式。起初，这个事件被清晰且戏剧化地重复上演，但是至少有一处主要的变化——实际上没有发生的事。后来，这些梦开始与受伤的素材联系起来，并伴随着其他信息或者与情感有关的自身记忆。通常，一个经历过心理创伤的人会梦到其他各种心理创伤的梦，这些梦都会带来同样的无助感和负罪感。如果做梦者从创伤中恢复过来，而其他的患者却死了或遭受伤害，幸存者就有种负罪感。例如，在一场大火中，那个做梦者逃了出来，而他的弟弟却死了，他记录中写道："我在梦里大部分时间都承受着弟弟给我的痛苦，或者在一次事故中我受了伤，而弟弟却毫发无伤。"

对于多数人来说，大脑皮质的神经系统将最初的经历与其他和情感有关且来自梦者的生活或想象的素材连接起来，因此，噩梦逐渐对事件加以修饰。经过几周或几个月，梦中的创伤会越来越少，直到最后，令人烦恼的经历与其他记忆相结合，同时与情景相关的积极经历和消极情感也开始缓和，梦中的情景就变得正常了。

哈特曼把这种做梦的模式与一种无意识的内部疗法作了比较。起初，情感信息通过梦者的大脑思维后返回。"这是一件很可怕的事，从来没有发生在任何人身上！他们是怎么幸免的呢？"哈特曼说，梦中的大脑试图重演并连接各种各样的画面，它从本质上做了以下回应：

> 好吧，让我们来看看发生了什么。你自己来描绘它，以及其他进入思维的画面。描绘你想要的任何东西，或者其他的灾难画面也可以。你也会开始在类似的情况下看到其他的人。所有的场景都很可怕但却不是唯一的；人们可以幸免。这个确实会让你想起其他的事物吗？我们再来看看让我们感到恐惧的其他时刻。它们有所不同吗？不，但是我们得继续观察有没有相同的感觉？我们再看看其他有关的事物，你幸免了，事实上你好像只是在这一次幸存了下来。

有效的精神疗法以及良好的梦境有相同疗效：可以在安全的地方进行连接。哈特曼说："医疗专家可以让患者尤其是精神创伤的患者回到以前，患者可以用不同的方式讲述他们的故事，并将精神创伤与其他部分连接起来——全部连接并设法与精神创伤结合。"他还说："做梦至少可以起到一些同样的功效。"因为近期烦恼的事情与以往的经历有了连接，所以情感变得稳定，精神创伤也逐渐被同化。

哈佛教授迪尔德丽·巴雷特是《精神创伤与梦》(*Trauma and Dream*)一书的编者。她汇编了梦的记录，记录中有伤愈后做梦的模式，并于2001年9月

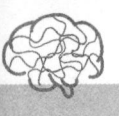

11日将此发表。她所举的空中交通管理员丹妮尔·欧·布赖恩的例子是其中一个最具戏剧性的。这个管理员在一个具有悲剧色彩的早晨监管着美国77航班的起飞,这架飞机来自达拉斯国际机场。1小时后,她看到雷达上的飞机显示点先直接飞向白宫,而后又改变方向,撞向了五角大楼。在事件发生后的几个夜里,布赖恩都做了噩梦。她说:"我从床上坐起来好几次,又一次经历、看到那一幕重演。"但是在几个月后,布赖恩的梦已经有了变化,因为哈特曼利用了他所描述的治疗方法。于是在梦里,布赖恩面前的雷达显示器变成了一个绿色的池子。她说:"那是一个满是胶体的池子,我按下雷达显示器让飞机停下。然而在梦里,我没有毁坏飞机,只是把它握在手里,不知何故,一切都停止了。"

相类似的还有纽约的一位妇女,她从地铁来到世贸中心的大街上,结果看到人们从燃烧的楼上跳下来后死了。就像她看到的一样,这些可怕的画面起初在她的梦里反复出现。几周过后,她对心理创伤的反应开始减弱,而且她的梦也有了转变。与以前绝望地漠视相反,她为所有从楼上跳下来的人提供遮阳伞,从而使他们缓慢地安全落地。

当然,有了家庭和朋友等人际网的支持,或针对治愈心理创伤的疗法帮助,由做梦产生的自然疗法在清醒时可以得到加强和巩固。巴雷特说:"如果没有心理治疗的参与或者研究人员只是在人们患上精神创伤后探寻发生了什么,病情好转的人不仅很有可能做那些通过工作解决问题,还可获得帮助一类的梦。"

当然还有一些精神创伤的幸免者,对他们来说,快速眼动期睡眠中的情感调节不起作用。尽管有时候会有附加的,且在某方面改变场景的情感因素,但是大约有25%有情感或身体创伤的人患上了创伤后应激障碍(PTSD),该症状经常伴有重复性的噩梦,而在噩梦出现的同时精神创伤又会重演。哈特曼的一个实验对象是经历过越南战争的老兵,他当时的任务是打开装尸袋,确认已故战士的身份。这个任务很艰难,在他意外地发现一个袋中的死尸是他最好的朋友后,他的精神受到了严重的创伤。大脑中再次出现的梦不是简单地重复以往的经历,而是结合了一段曲折的情节,这就是哈特曼所说的场景幸存者的负罪感:

我一个接一个地把装尸袋打开，各种各样的叫喊声和直升机的噪声。我打开的最后一个袋子装的是我自己的尸体，然后，我便尖叫着醒来。

为了了解大脑为什么会陷入这些重复的烦恼画面以及怎样帮助大脑得到解脱，一些研究人员正在研究创伤后压力失调症状的梦。工作在匹兹堡大学的埃里克·诺弗辛格打算对患有该症状的人群扩大脑部影像研究的范围。他说："这些在大脑中反复出现的梦就像连着线路一样在夜晚重演，我们想知道此时的大脑会是什么样。"

根据欧内斯特·哈特曼的理论，记忆中积极的事物有助于平复由精神创伤引起的情感迸发，在这些积极记忆的帮助下，睡梦中的大脑对场景的暗示和联系展开了广泛地搜寻。这只是一个过程中最戏剧化的例子，而当大脑建立起关系更加平常的梦境影像时，这个过程在一般的梦中持续进行。举一个典型的例子，孕妇在怀孕早期做的梦都会有反映她们心理焦虑的画面，这些焦虑与身体的变化以及她们担心是否还会迷人的心理有关。在怀孕后期，她们的梦通常会描绘出这样的恐惧和焦虑：孩子会是什么样？或者还没准备应付那些做母亲所需的要求。

长期的焦虑还可以隐含地表现出来。哈特曼举了一位母亲的例子，她有两个孩子，除了自己以外她对事业和丈夫都很满意。因为她童年时父母都很苛刻，让她觉得无论做什么都要做得更好些。所以她做了母亲之后，童年时总是做得不够好的那种忧虑突然出现了，而且重复做同一主题的梦。这位母亲总是觉得自己做得不够，她的恐惧表现在梦里被记录如下：

我让我的儿子自己待着，然而一只猫正在挠他，还要杀他。

我住在缅因州海岸的一家旅馆里，我的两个孩子都在各自的房间里，但是潮水来得太急，我怕他们溺水，所以醒来时十分恐慌。

怀疑论者提出了疑问：如果窗帘打开后，梦在 1 分钟内被遗忘，那么由睡梦中大脑扮演的内在戏剧效果是如何发挥作用的呢？然而，有些研究者如哈

特曼和卡特莱特则认为，在各种神经网中，梦里最重要的就是连接的形成和更新——一个生理过程在某种情况或其他状态下会增强以往的记忆来产生新的联想，并融入新的经历中，从而使我们的思维模式以及精神世界得到更新。这种夜间接线方式符合有关发展做梦的效用理论——将信息的重要性与残存物相结合——不管我们记住梦境与否，它都会发挥功效。

然而，这并不意味设法回想梦境没有效果。虽然有些梦的确没有什么意义，但是我们可以从记起的梦中领悟一些情感问题，这些情感问题都是我们正在面对且在白天忽视的。在某些情况下，回忆起梦并对梦进行分析，这种能力可以影响到以后的做梦模式和清醒时的行为。在过去10年里，许多研究者的研究表明：把噩梦记录下来，在轻松状态下思考，或者想象它们有另一个结局，这些都可以帮助我们打破做梦模式。研究者应用了一种叫作形象预演的疗法，让那些总是受噩梦困扰的实验对象对一个积极梦的结局进行预演，这种方法在每2周的疗程里一天一次。一种可以对梦的情节进行修正的新的应对措施能够有效地缩短做噩梦的时间。根据迪尔德丽·巴雷特的观点：将噩梦转变为"优势"梦，不仅可以减少或消除烦扰的梦，而且一些白天出现的精神创伤症状如影像重现、极度受惊以及一般性焦虑症也往往会自然地减弱。

鲁斯琳娜·卡特莱特发现：即使实验对象没有精神创伤的症状，也可以培养他们对消极梦的情节进行思考的能力，或是想象更多积极的结果，这些都可以使实验对象在以后做积极的梦，而且每一天的态度也会有所改变。她举了一位妇女的例子，这个女人与她专横的丈夫离了婚，同时在工作中又遇到麻烦，她说男同事总是欺负她。她在梦中梦见前任丈夫穿着一双泥泞的鞋来到她新的住处，还把她的地毯给踩坏了。卡特莱特让她考虑一下改变梦中的影像，这样她就不再是受害的一方了。在接下来的梦中，这个女人发现自己躺在一个没有墙壁的电梯里，这个电梯在密歇根州湖上往上升，没有什么可以保护她的，所以她很害怕。

然而，她在清醒时所叙述的心理指示记忆尽管和受害者没有关联，却还是被激活了。在梦里，虽然她很害怕，还是站了起来。卡特莱特说："她一站起来，电梯的墙壁就把她安全地围住了，于是，她便知道她所要做的就是自己站起来，而且感觉还算好。"在这个女人的梦里，令她感到被动的影像似乎让情感发生了转变，这种转变在清醒状态下也可以产生：这个女人决定要告诉她的老板说那个同事要毁了她，而后这种境况有了好转。

卡特莱特说："如果治疗专家能够让实验对象记住在夜里做的最后一个梦（此时实验对象的抑郁情绪通常是最消极的），他们就可以对无法解决的问题起因以及需要注意的事物有所了解。与弗洛伊德的理论相反，关键问题没有隐藏起来，反而就在其中，非常明显。"

当然，为了对梦进行研究，你确实要记住它们，大部分的人只能回想起不到1%的梦。然而，对成年人来说，每周平均只记住1～2个梦。因为有些人认为自己根本没有做梦，还有一些人则能够经常细致地描述他们夜晚的冒险经历，所以，每个人能够记住多少梦是个很大的变数。为什么一些人能够记住梦，而其他人却做不到？研究表明：回想梦的能力与智力无关，而是多少受个体其他特性的影响。能够经常回忆起梦的人要比一般的人有较强的童年记忆力，他们经常做梦，尤其在艺术方面，还往往具有创造力。

研究者为实验对象提供了一些简单却有效的方法来提高对梦的记忆力。自我暗示很奇妙，你第二天什么时候起床，它会在你的大脑里留有信号。哈佛大学心理学家迪尔德丽·巴雷特建议我们要躺在最舒适的位置，然后对自己提醒几次：你将要做梦，而且你还要记住它们。

一旦你在夜间或是清晨醒来，先不要动，或是让清醒的思想慢慢进入大脑，然后就立即问自己梦到了什么。倘若你只是记住了梦中单一的画面，那就设法回想在这之前或之后发生了什么，你看到了其他什么东西，梦里的人物是谁，你的心情又是怎样。在你床头边的日记里随便记下你的梦，或者更方便的办法——用录音机录下你所说的话，这样你就不用再移动了。

研究梦的科学家也认为，实验对象对梦的记忆的提高仅仅是因为对梦做了记录或是写了梦的日记。而时间是关键，虽然你在白天看见或听到的事物会使你记起前一天夜里做了却忘记的梦，但是，倘若在梦被做完后的几分钟内我们不刻意去回想的话，这些梦就会被我们忘掉。一些研究表明：那些因为睡眠呼吸暂停而导致夜间频繁醒来的人，也往往会有高于一般人的对梦的记忆能力。这就是为什么哈佛大学的神经系统科学家罗伯特·史帝克古尔德不是开玩笑地建议：要想记住我们更多梦的一个最好方法就是在睡前喝大量的水。如果你在夜里频繁醒来，那就很有可能是在至少一次或两次的梦中。

然而，仅仅对梦有兴趣以及有记住梦的念头只是一种变数，在众多研究的变数中，还有更多其他的因素与梦的高度记忆能力有联系。因为随着夜晚的持续，梦的周期会变得更长，而在早晨做的梦是最清晰的，所以在周末从事能够提高梦的记忆力的活动或睡懒觉，这些也都可以增加成功的概率。

随着你对梦的记忆力的提高，尤其是在你梦到以前很少梦到的人时，你也许会对你的发现感到惊讶。鲁斯琳娜·卡特莱特说："我们把在实验室记下的梦的记录给了这些实验对象，还附带着调查问卷——他们还记不记得这些梦？是不是这个梦与另一个梦有什么关系？那些梦与他们现在的生活有什么联系？"她还说："甚至连实验对象都认为梦没有任何意义或重要性。啊，他们是不是进了城，然后埋头创作了。这的确是自己所做的心理分析呀。"

第七章

最佳媒体顾问

弗洛伊德对了 50%，而错了 100%。

——罗伯特·史帝克古尔德

约翰·安特罗布斯（John Antrobus）是纽约大学的一位认知心理学专家。他说："对于梦，我一直都很着迷的是大脑是怎样产生令人惊讶的影像的呢。"安特罗布斯以前做了一些实验来研究人在清醒时是怎样走神的。之后，在20世纪60年代，他便走进梦的研究领域。他发现如果在白天每隔10～12分钟记录下一个实验对象在想什么，那么，清醒状态下要比快速眼动期睡眠中有更多间断的画面和场景。

安特罗布斯和他的同事杰利·辛格还做了一些实验，在实验中，实验对象要集中精力做一项任务，然后在他们走神时发出信号。安特罗布斯说："我们原以为他们会在几分钟后才开始走神，但是在实验过程中，时间间隔却十分短，甚至只有几秒。"詹姆斯·乔伊斯在他的著作《尤利西斯》中所说：意识很大程度上是由一种流体构成，而该流体是由内部不断转变而产生的联想和思维构成。安特罗布斯说："只有在大脑认为客观世界的其他事物十分重要的情况下，你才会将注意力从精神世界转移出来。现在，我们认为辨别能力是由边缘系统的神经系统网构成的。"

因为大脑成像显示了梦中的大脑在活动，所以，对于睡梦意识形态下的边缘系统我们有了了解，边缘系统是情感的指挥中心和强烈情感的记忆存储器，它对梦境起指导作用。我们也很清楚，梦是多层次心理活动的产物。大脑的运转是在检测遗传以及生存相关的行为，同时重现最近的经历，并把新的重要信息与记忆库已有的经历相结合，从而更新我们的个体观念，如世界是怎样发展

的以及我们要怎样适应它。让大脑的情感中心处于驱动状态，意思是用来选作处理信息的显著记忆如焦虑、迷失感、自尊心受损以及肉体和心理创伤等在情感上被支配着。同时这些都发生在不寻常的心理状态下，而帮助我们集中精力的神经调节器在此状态下调节不足，大脑也只是靠内部信号做出反应。

无论我们将梦记住与否，所有的活动都会发生并为目的所服务。然而，了解大脑是怎样对梦进行编辑并对梦进行研究，这些既有趣又有启迪性。努力回想和分析夜间思维发生了什么变化，不仅可以创造个体的心理领悟能力（该项研究在前几章已讨论），还能够使我们对意识本身的特性有更深的了解——尤其是你在做梦时学会了怎样记住它——有时还会产生创造性的突破。如果对梦中大脑的变化有科学的了解，我们就可以超越过于简单化的梦之符号，这样的进步对于梦的解析来说可以上升到更娴熟的水平。到了这一水平，如果我们从一个清晰的梦中醒来，对"这个梦意味着什么？"这样的问题就能迎刃而解。

如果能够解开大脑是怎样组织梦境这一谜团，那么我们就不仅对意义是怎样从梦中提取出来的有进一步领悟，还更加了解清醒状态下大脑是怎样思维的。一些研究者如马克·索姆斯和艾伦·霍布森将精力集中在对梦的研究起促进作用的心理学研究中，与此同时，约翰·安特罗布斯以及其他认知心理学家则把注意力放在另一研究领域，即最后结果的琐碎部分是如何汇集在一起并与故事相联系的，而梦者则认为这些故事好像是由其他人编造的。安特罗布斯是在20世纪60年代开始研究梦的，在那时，神经系统学家认为大脑可以分成不同的"模块"或"区域"，每个"模块"或"区域"都有特殊的功能。但是，到了20世纪80年代，神经网的革命思潮发展起来，人们将人脑与计算机相比较。有一点显著的不同，就是计算机有一些相对有限的处理器来存储数据，而人类的神经元是在大脑网状结构中运转的，它的力量更加惊人的强大。安特罗布斯说："大脑所要处理的信息量超出我们的想象。我们所看、所想获得的感知力都是在无数神经元的运算状态下实现的。尽管人与人的样子以及房子与房子之间存在着差异，但是这些神经细胞能结合在一起来识别'这是人或房子'，因为神经元能够提取出所需要的特征来识别人或房子。"

在安特罗布斯了解了神经网所发挥功能的复杂性以后，他说他突然有了一种闪电般的意识，即那些神经网的运转规律可以解释一些使他迷惑不解的大脑方面的问题。这些问题是：从记忆中提取完全熟悉的素材并编辑一些全新的画面，以及让梦者感到惊讶的故事情节，这些大脑是怎样做到的呢？为什么梦中的人物对象经常能够像霍迪尼那样消失、再现或变化呢？安特罗布斯认为，能够在清醒状态下产生联想和想法的同一神经网指导着夜间的脑部活动，尽管如此，梦中的离奇因素还是会在某种情况下滋生，即睡梦中的神经网没有感觉到客观世界，从而也就不能抑制那些神经模式的结合体可能被激活。许多房子和不同面部特征都被结合并汇集到一个画面，该画面是我们以前从来没见过的。

安特罗布斯还制作了一组神经网的模型来模拟大脑是怎样产生梦的。他解释说："大脑可以充分地解析它所接受的信息来产生内部的神经信号，这包括随机神经噪声，并将噪声传给下一个系统。如果这两个点的视觉影像是在视觉皮质中产生，那么腔壁皮质很可能将它们变成一双眼睛，然后再将这双眼睛放在脸上。倘若那张脸没有被识别出来，边缘系统就会指示'啊，这不对，还是走吧。'这个信号传到运动神经系统，然后梦中的情节就开始了"。他认为艾伦·霍布森和罗伯特·麦卡锡的"梦境是被创造的"这一理论是错误的，因为这个理论表明，要从脑干中吸取一些物质，大脑皮质才产生梦。安特罗布斯还说："他们从来都不知道大脑可以不用任何噪声而产生梦。"

迈克尔·加扎尼加是达特茅斯认知神经系统科学院的院长，根据他的理论，虽然我们通常不太注意被大脑中的故事情节驾驭了多少次，但是无论遇到何种情况，甚至很荒谬时，大脑都会不停地产生一些有意义的画面情节，并且在清醒时起支配作用。加扎尼加和其他的研究者对脑分裂患者做了一些实验，基于这些有明显启迪效果的实验，他认为，那些患有严重癫痫症的人是受外科手术切断了的神经纤维控制，而这些神经纤维连接着大脑的左右半球。

加扎尼加的导师罗杰·斯伯里论证了这一研究，这使他获得了1982年的诺贝尔奖。大脑的左半球与一些专门的技能，如言语、写字、复杂的数学运算以及抽象的思考有关。而右半球对非言语行为十分重要，它的特殊性还包括在各种复杂条件下处理所有与几何以及空间有关的信息，感知和欣赏音乐，识别人的面孔，发觉情感等。大脑的右半球基本上都是在感知世界，而左半球则负责对感知进行分析，解决问题并与外部世界进行交流，尤其是用语言交流。对于95%以上惯用右手的人来说，他们的左半球控制着言语，而这对于惯用左

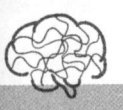

手的人来说，比例为70%。

基于对脑分裂患者的实验，加扎尼加认为，大脑的左半球有一个神经系统，他称其为"翻译"，这个"翻译"不断地搜寻和解释内部和外部的感知与经历。他的研究很明确地显示了一个在工作的媒体顾问。因为脑分裂患者的大脑左右半球无法联系，所以，我们可以了解这两个半球是怎样各自处理特殊信息的，在这期间，两个半球视对方完全不存在。如果左脑没有分析出正确结果，那么它就会很简单地根据它所接收的信息来加以补充，这好比是梦中的大脑将奇怪的影像拼凑在一起，再凭借自己的逻辑形态将它叙述出来。

一个经典实验中，将两个不同的图像展示给一位脑分裂患者，但他的视野受到了限制，这是为了让左半球只接受一只鸡爪的画面，而右脑接受的画面是一幅雪景。在大脑左半球控制下，患者的一只手选择了一张带鸡的图片与那只爪子搭配，而另一只手则选择了铲子与雪景相搭配。在让他对这两个选择做解释时，他大脑左半球的反应是看到了爪子就很自然地选了那只鸡与之匹配，选择铲子是因为鸡窝需要清扫干净。因为他大脑左半球没有接收到雪景的信息，所以他没能解释出选择铲子的真正原因。然而，脑的翻译却为这个选择提供了解释——患者不是试着去猜而是非常有信心地对事实进行陈述。

在另一个脑分裂的实验中，加扎尼加让实验对象起床后散步，然而，这个要求只被大脑的右半球所接受。当问到为什么推开椅子而且起来离开房间时，他不假思索地回答"哦，我要喝点水"。即使大脑左半球没有信息显示他为什么离开房间，但还是虚构了一个理由。加扎尼加在他的《过去的记忆》(*The Mind's Past*)一书中解释道："左脑在解决问题时会不断地问A与B是怎样联系起来的，它还可以记叙为什么我们做我们要做的事。翻译系统也不断地对我们的行为、情感、思想以及梦境进行叙述，就是这种聚合力将我们的故事结合在一起，并产生一种让我们感觉完整、理性的媒介"。

当然，这不意味着翻译所讲述的故事是很可靠的。加扎尼加指出，翻译还影响其他的心理功能，如准确地记住以往事情的能力。如果给一位脑分裂实验对象展示一组如做饼干那样简单活动的图片，然后再问其他一组图片的内容是不是在第一组中出现了，实验对象的两个大脑半球都会很准确地辨认出先前所看到的图片而否认未看到的。但是，倘若给实验对象看相关的且没有在第一组中出现的图片，结果只有右脑否认那些以前从未看到的画面，而左脑则准确地回想起更多的图片，这可能是因为它们已经适应了半球所构造的与做饼干有关的模式。约翰·安特罗布斯说："一旦你意识到大脑容易受骗，你就不会相信它产生的东西。它一直都在解释，一直做这个，它在编造而不是在做梦。"根据加扎尼加的理论，再没有什么会比大脑的媒体顾问在情感问题上处理得更多了。他还说："我们的大脑是机械的，它会将经历所得和所失归档，一旦我们要做新的决定，充满情感的大脑就会帮助我们选择一种认知理论，即使在相当长的时间里我们还不明白为什么要做这件事而不是那件事时也是如此。"

加扎尼加认为，只有人类拥有翻译系统，而且很强大，因为它让我们的生存有竞争优势。尽管所有的动物都能学会远离那些让它们生病的食物，但是，只有人类才会去问为什么这种植物会让我们生病，才会采取方法不让此类事情在将来发生。这种理性产生在左脑，它是来自翻译进化到能够叙述我们清醒时经历的基础，同时，又将组成我们梦境的故事组织起来。如加扎尼加所说，"作为一个物种，它的出现，帮助我们适应变化莫测的环境，从而使我们在心理上对自身产生兴趣"。

虽然加扎尼加的实验是在实验对象清醒时做的，但是研究者们发现这个研究放在睡梦中也有启迪作用。其中一位研究者大卫·福兰克斯是童梦的主要调查员。他说："加扎尼加所说的注释系统可以在梦中作为例证。翻译在夜晚要比在清醒时处理更多的故事情节，这是因为睡眠中的大脑处于活动状态，而未处理的素材则存在着差异。你失去了自我，失去了世界，甚至思想不再受控制，在这些正在发生的情况下，对于大脑是个挑战。然而它还得像往常那样运作——进行叙述。"从本质上来说，睡梦中的大脑是根据不完全的迹象来立即下结论的，就像它在清醒时一样；但在睡眠中，它所要处理的素材还可能更加残缺，更加杂乱。尽管梦境会体现出一些信息，而且这些信息与梦者最近所关心的事情有关，并像思维一样在大脑中浮现，但是另一些会以隐含的形式表现出来，还有其他的则被简单地虚构了，为我们在清醒时进行叙述的左脑媒体顾问也在即兴地提供补充物。

很明显，睡梦中的大脑利用一些在清醒时所依赖的认知能力，但是对于给予梦境奇异色彩的运作规律来说，还有很明显的差异。场景是梦的元素，它通常与现实世界不相符。场景变化时不会发出警告，或者一个场景本身就是被奇怪地汇集在一起的：你在一所看似像你自己的房子里，但它是在沙滩上而不是在城市里，甚至其他的房间像博物馆或旅店。塔夫茨大学梦的研究者欧内斯特·哈特曼在他自己做的100个梦的样本中发现，60%的场景包含一类房子，这类房子是他自己的房子与不相关的讲演厅或休息室结合的产物。哈特曼和越来越多的神经系统学家认为，对这些混淆物和凝聚物的解释主要在于大脑正常的运转规律是怎样随睡眠中的心理变化而变化的。

在清醒和睡眠状态下的意识里，虚幻的想法会在分布广泛的神经网中滋生。但是，当我们在清醒状态下想象一座房子时，通常会指引大脑激活神经网，而神经网可以记起房子的具体形象——上高中时我们住在哪里？或者我们的孩子在哪里长大的？或者我们现在住在哪里？然而，在梦中，具有逻辑性的前额皮质减弱了活力，来自外界影像的输入也被切断了，但我们的大脑却进行更广泛的连接。一旦显示"房子"的神经模式被激活，大脑就不会再搜寻有关房子的具体记忆，而是激活一些显示各种房子以及相似结构的神经网。

一旦影响神经系统的化学物质去甲肾上腺素的分泌量下降，这些具有虚幻色彩的梦就会频繁地出现在快速眼动期睡眠中。一些研究表明，去甲肾上腺素可以增强脑皮质的功能，从而能够在一个具体的信号所提供的地点和方位，隔绝由神经冲动所产生的竞争信号噪声。梦中不只是场景发生了改变，人物有时也会发生变化，还不会引起注意：开始陪着你乘火车旅行的人也许是你的姐姐，但是，在你回头看她时，你会发现她已经变成你的母亲或者完全消失了。研究者们在哈佛艾伦·霍布森实验室里的一项研究中分析了400个梦的记录，并发现了一些实例，它们是从一个人物变为另一个人物，以及从无生命物体变为另一个物体，这两种例子分别为11个和7个。但是，没有任何事例是从人物变为物体的，反之也是如此。在对一位化名为"巴布·桑德斯"的妇女所做的3 000个梦境分析中，比尔·多姆霍夫发现了7个从动物或物体变成人的例子，其中有一匹黄马变成了一位文学家以及一个蜘蛛变成了一个微型人后来又变成了一个灯泡。因此，没有严格的规律来控制梦中的影像。

长期以来这样的变化引起了科学家的兴趣。其实，在19世纪末，比利时心理学家约瑟夫·德尔波夫对这些变化就有过分析。他发现，在我们向其他人讲述梦时，我们不会说一只猫变成了一位年轻女子，而是这样来形容："我正在与一只猫玩耍，但是过了一会儿，它不再是猫了，而变成了一位女士。"德尔波夫的理论表明，我们一开始梦到的是猫，而后，又是另一个女人，我们的思维产生了转变，从而让梦进行下去。研究员索菲·施瓦兹就职于瑞士日内瓦大学生理及临床神经学学院，她说："德尔波夫明确地阐明了梦的矛盾性不是什么特殊的问题，因为我们清醒时的思维其实像梦一样混乱不清。但是，由于清醒时的思维还伴随着带有逻辑性的感知力，所以它们似乎具有连贯性。"

给予了所有媒体顾问以及人工参与所产生的梦的领悟能力，我们从最终的结果中获得了多少有意义的东西呢？首先，答案取决于梦。要相信每个梦都值得解释，这等同于假设你说的每句话都有趣或有意义。因为实验室的研究表明，许多梦都很平淡，所以我们在睡眠时对它们没有感觉，也不会记住它们。其实，在早期由国家健康所的研究员弗雷德里克·斯奈德对梦做的一项研究表明，90%的梦记录了实验对象在实验室醒来时所陷入的状态——有条理地叙述现实状况，在该状况下，自身处于很平常的活动或陷入专注中。有情感控制以及带有复杂情节的梦很有可能产生在清晨，在此期间，当梦在进行中或终止后，我们醒来的概率会更高。因此，我们往往会回想起那些更具有影视色彩的梦，而这类梦也很可能值得去记忆。

对心理学方面有兴趣的一些研究者们表示，我们大脑在夜晚所上演的戏剧有时会投射在我们的感情问题上，而这些情感在我们大脑中的某一时间是积极的。即使是那些不接纳"梦能发挥生物学功能"这一观点的科学家也承认我们可以从梦中获得一些有意义的东西。梦境分析学家比尔·多姆霍夫说："梦之所以有意义是因为它们表达了我们的情感，表明了我们自身的概念以及描述了与我们亲近的人。尽管我们从梦的记录中可以得到一些在心理上有意义的信息，但是我们还应该意识到梦境的某些方面可以是无意义的，不是大脑所承受的，而是由随心所欲的即兴发挥所带来的琐碎产物，在此情况下，来自客观世界的信息被断绝了，而前脑却被激活了。"

然而，要想理解梦，只利用一部适合所有梦的字典是做不到的。在今天，无论是弗洛伊德的理论、中国古老的信仰，还是所有其他对梦进行解译的丛书，你都可以在书店里的书架上找到。希腊人很早就利用简单的方法研究梦的意义。阿提米德罗在希腊、意大利和一些亚洲国家的旅途中，收集并记录了他所遇见的人的梦，最终于一世纪编著了第一部对梦的解译比较全面的书籍，该书由5卷百科全书合成。从阿提米德罗时代一直到现在，那些有关梦的解译的书都是基于一种设想——梦中的全部素材都有象征意义，而且这些象征也都有普遍的意义。根据弗洛伊德的理论，梦见牙掉了表示阉割，而在中国早期的记载中则表示某个人的父母很危险。

所有这些僵化了的对梦进行解译的方法都有一个共同的失败之处。梦境研究者加尔文·霍尔很简洁地说道："我读了阿提米德罗的书，书中认为梦见吃奶酪就表示梦者会有利益上的收获，也许这还要取决于梦者的状态，也或许由该事件发生的场景而决定。梦中吃奶酪的意义是单一、普遍且永恒的。它是一种普遍的且带有参考符号的特征，也就是这种特征使得有关梦的一些书籍盛行。因为它们没有做任何需要判断和辨别的限定与例外，所以任何人只要有一本解译梦的书在身边都可以对梦进行解释并预知未来。"

利用普遍的梦的象征从梦中获得有意义的东西，这样就等同于了解大脑对梦的魔幻情景的创造力来反映我们每天特别关心的事物。对梦进行研究的英国研究者安·法拉第记录了一个标准且带有视觉双关语的梦。在她参加由朗·约翰·尼贝尔主持的一个电台节目的前一天晚上，她梦见了一个穿着白色长裤的男人用一挺机枪把她射死了。虽然法拉第从来没见过尼贝尔，但她知道尼贝尔的嘴非常犀利，他以批评节目嘉宾而闻名，所以法拉第对参加这个节目感到很担心，她害怕像在梦里那样被穿着长裤的约翰击毙。无论你在心理分析的书里还是在梦的象征词典中所找到的有关枪或长裤的意义，它们与这种特殊的梦都没有明显的联系。路易斯安那大学的英语教授帕特丽夏·基尔罗对梦的双关语有所研究，她说："我们在梦中的思维好像是在有意地寻找双关语的机会，这样它就可以通过影像来表现抽象的概念。识别梦中双关语一个较简单的方法是思维在梦中被激活后将抽象的概念解译为具体形式，该方法显示了梦是有意义的。"

很明显，为了对梦进行解译，弗洛伊德借助了人们长久以来对普遍象征意义的信赖，并加入了自己的理念——所有的象征都是用来掩饰恐惧和欲望的，因为在我们清醒时恐惧和欲望不被接受。加尔文·霍尔相信隐藏在梦中的欲望在本质上几乎都与性欲有关,所以也不奇怪为什么他对心理分析作品的评注中有 709 个象征被心理分析家所认同,其中 102 个物体归为阴茎一类,而 95 个不同的象征被解译为阴道,其他 55 个则应该是性行为的象征。

现在,科学迹象很清晰地表明,被抑制的性欲或恐惧不是产生梦的原因。正如反弗洛伊德的理论指出,有时,一支雪茄就是一支雪茄。而弗洛伊德认为,梦中奇怪的因素是由思维试图压抑和隐藏的那些禁忌意愿与欲望造成的,所以弗洛伊德理论及心理分析家马克·索姆斯也承认,对于以上的结论,弗洛伊德犯了错。相反,那些奇怪的因素是由大脑在梦中奇怪的生理状态造成的,在这种情况下,位于大脑额叶上的理性系统未能运转。

然而,在其他的一些重要理论上弗洛伊德也有正确的地方。研究脑部影像以及调查梦境由于大脑损坏所改变的患者,从以上研究获得的证据表明,梦是由强烈的情感和原始的本能促成的,而且它们可以从记忆中提取近期以及以往童年时的经历。对于弗洛伊德在其他重要问题上的正确性,即使是反弗洛伊德理论的艾伦·霍布森也给予了高度评价:"弗洛伊德坚信,更多超出我们所接受的清醒的意识来自本能或富于情感的大脑(现在可以说是边缘系统)。此外,通过对梦的关注,我们可以学到更多有关我们自身的东西,还可以在梦一开始就跟踪联想的思路一直找到本能中想象的源泉。以上的观点,弗洛伊德是正确的。"

作为一个在这种解译方面比较好的案例,霍布森提供了他自己的一个梦。他于 1980 年 12 月 3 日在自己梦的日记中写道:

> 我来参加一个会议并向同事们打招呼。忽然,我发现朱维特也在场。他认出了我并冲我大笑(这不是他平时打招呼的方式)。我正要叫他,这时,我的腿却动不了了,我便倒在了地上,说不出话也没有了感觉。

这里所提到的朱维特是一位法国梦的研究者米歇尔·朱维特。霍布森早期在法国科学家实验室工作期间与朱维特的关系不是很好。霍布森在他的日记中还解释了梦的意义,他总结如下:

瘸腿：我第一次听到法国人对此作的表述，我来到一个很浪漫的地方，这里很朴素，这是维拉弗朗奇艺术旅馆。回到实验室后，朱维特说我像腿有毛病——这是专门用来形容一个人性欲很弱。

朱维特的笑：几乎10年之久紧张的个人和职业敌对关系开始有了缓解……如今，我收到了一封来自朱维特的信——很正式但却真诚。

张力缺乏：朱维特伟大的发现，与快速眼动期睡眠有关的肌肉张力缺失，表现在梦中是我晕倒了。这就像现实生活中的发作性睡眠病，带有强烈的情感——特别惊讶——产生了张力缺乏。也许我现在承认了朱维特在我的研究领域所取得的成功。

对梦的日记进行几年的分析后，霍布森认为，虽然他的解释看起来正确无误，但是，对于他为什么做这样奇特的梦，没有任何方法给予正确的解释。虽然如此，但是霍布森所产生的这种个体意义的联想，试图在对梦营造的合理方式作以解释，而不是依靠某个人的象征意义进行机械地解码。对单独意义的研究是荣格所提倡的，而且对充当情感角色的研究要比弗洛伊德式的解译更支持这种方法。

随着历史的演化以及快速眼动期睡眠生物作用的增强，荣格已经将注意力放在梦的组成部分上，他认为，梦中的一些元素可以反映出我们祖先所经历的历史。当然，不是所有的梦都符合这个理论，但是，带有生存取向的梦如捕猎或者被猎杀似乎可以从遗传学的解释以及收集来的祖先经验这两方面获得解译。梦境分析学家比尔·多姆霍夫对所有的研究作了总结，荣格通过研究个体和文化，对梦中一些平凡事物的观察"似乎萦绕着某个观点，即在两种发展的经历中获得隐含的理念由全人类所共享，逐步社会化的语言成了理念所象征的巨大财富，这些都属于我们的文化遗产"。

从科学的角度来看，果断地将梦解释为A、B或C是不恰当的。也许我们所能想到的最好方法就是利用梦来帮助我们领悟情感问题，还了解了左脑的解译系统在讲述一段有关梦境意义的故事，就像相同的情节编辑器在第一地点虚构的梦境一样。很大程度上来说，意义就在旁观者的眼中。精神生理学家斯蒂芬·拉·贝尔格说："如果人们在墨水的斑点中所看到的东西可以说明他们所想以及他们的个性，那么，这些梦会具有更大的启迪作用。这是因为，梦是我们在思维环境中创造的世界。梦也许不是信息，但它们是属于我们自己创造的最亲密的产物。同样，它们也的确会被染成如我们是谁、我们是什么以及我们会变成什么这样的暗含色彩。"

第八章

创造性混乱

梦最重要的是将我们未知的事物告诉我们。

——迪尔德丽·巴雷特

保罗·麦卡特尼在 1965 年 5 月的一个早晨醒来时,一首难以忘怀的旋律萦绕心头。在刚做完的梦里,他聆听到由一队优秀的乐团所演奏的这一旋律。他被此旋律所吸引,于是便立刻起床坐在直立式钢琴前开始演奏他听到的曲调。他住在伦敦,而这架钢琴就在他母亲房间里的床边。甲壳虫乐队曾经在伦敦演奏了《帮助》这首歌,因为麦卡特尼梦到过相似的旋律,所以他相信这样的旋律一定是某个人的歌并且在很远的地方听过。

麦卡特尼开始四处搜寻信息来确认这首歌,但没有任何存在的迹象。当他试着为别人演奏这首歌时,那些人不仅说他们以前从来就没听过,并认为这个旋律是麦卡特尼自己创作的。他有些不太相信能通过梦创作出这首乐曲,还因为想不出歌词而感到困扰:"金色丝带,啊,亲爱的,我是多么爱你……"

当麦卡特尼决定正式宣布这首来自梦中旋律的所有权时,他忽然有了灵感并编写出歌词《昨天》,在对它进行了一些修改后将其录制出来,就像他最初在梦中听到的一样。将近 40 年后,《昨天》依然是美国电台播放频率最高的一首单曲。后来,麦卡特尼表达了他对这首歌的看法,他说这首歌是他所创作的"最完美的歌曲"。他还说:"对于那些梦中的事物,我不得不承认这是突如其来的好运。"

艺术看似与梦有一种很自然的因缘,而科学领域的创新思想有些也来自梦境。例如一种全新的药物于 2003 年春天被证实有疗效,它可以将危害人们生命的过敏症危险性降至最低,然而,这种成功实验开发的想法实际上是在梦中想出来的。常泽温（Tsewen Chang）和他的妻子南希（Nancy）从台湾移居到哈佛学习，并于1986年创立了一家名叫塔诺克斯的应用生物学公司。他们用的是自己的启动资金，并且把车库作为老鼠的基地来做研究。作为一位免疫学家，常泽温一直在寻找一种新的方法来治疗过敏和哮喘。以前治疗过敏的药物如抗组胺剂是仿效过敏症的一些化学成分所产生疗效的，而他惊人的想法却是利用变性蛋白质，这种蛋白质在体内会凝固成一些物质来引起过敏反应，从而避免了最开始的发作。塔诺克斯公司的首席执行官南希说，这种开放式方法是在深夜想出来的。"实际上，他是在一天夜里的梦中想出来的，然后，他就把我叫醒并告诉我。之后，我们都没有回去睡觉"。

一些科学家、音乐家、运动员、数学家、作家以及视觉艺术家将类似在梦中瞬间的灵感或突如其来的想法做了记录。一些记录还被哈佛心理学家迪尔德丽·巴雷特编入了年史《睡眠委员会》。巴雷特在童年时做过很多清晰的梦。创造力来源于一种状态，某些人认为这种状态是意识，以上这种想法可以得到很充分的解释。巴雷特说："在梦里，我们的内心世界在调整，并经历了栩栩如生的视觉画面，我们常规的逻辑系统停止了运作，社会规范也减弱了，这一切都会引起更多的联想，这些联想要比我们清醒时多得多，而我们的大脑也在检查不合逻辑的信息。"

然而，很难证明夜间梦中的大脑具有创造性（当然，还有比较直接的方法在智力或艺术方面有了突破），这种独特的睡眠生理学使我们善于在夜间产生创造力，而该创造力却是伴随于梦境的意外收获。在那些定期记录这种收获的研究者中，罗格·谢泼德就是其中的一位，他在研究视觉特征和其他心理过程方面取得了突破性进展并在计算机科学、语言学、心理学以及神经系统科学等领域产生了积极的影响，因此，他荣获了国家科学勋章。谢泼德说他的一些研究灵感来自视觉影像，而这些影像都是清晨在他醒来前出现的。其中，有一种运动的三维结构"片刻间旋转得十分壮观"，这就形成了20世纪70年代早期一种标志性实验的基础，该实验是用来研究大脑是如何产生脑部旋转来识别立方体的。谢泼德还说几段简短的乐谱在他的梦中出现过，还有一些他从图画上复制下来并反复出现的画面，画面中出现了视觉幻象，如图8-1所示。

谢泼德已经写了很多年梦的日记。高水平的创造力来源于梦中大脑所感觉

的独立自我,这种出现在清晨梦中的迹象记录于 1979 年 1 月:

> 我陪着妻子去看医生。妻子说很担心她从事的教育工作会占用太多照顾孩子的时间。而到了最后,她问:"我是不是应该照一张乳房 X 线片?"医生说:"不,没有必要"。而后,医生的脸上露出了顽皮的笑容,说:"夫人,如果在工作上花太多时间,你的孩子恐怕就要喂草了"。迷惑了一阵子后我恍然大悟,感到非常有趣是我发现 mammogram, gramma 以及 ma'ma 之间构成了一个完美的语音学字谜游戏。

这幅图画叫作"L-egs'istential Quandary",是科学家罗格·M. 谢波德于 1974 年一个早上醒来前的视觉影像所产生。铅笔素描是他醒来后画的这幅画的主要成分,因此这幅画的版权归谢波德所有,并首次出现在他所著《思维的眼界》一书中(W.H. 弗里曼,1990)。

图 8-1

谢波德对梦中奇妙的语言感到很吃惊,那些妙语所产生的幽默气氛似乎需要预先准备,这一事实引起了他的兴趣。他说:"这种梦说明了另一种思维,在该状态下'我'不是很清醒,思维还在进行,在'我的'大脑中说话。"谢波德注意到,他在梦中的经历类似于接受实验的脑分裂患者的精神状态。

认知心理学家约翰·安特罗布斯认为,在梦中突然冒出的想法也许与我们清醒时的意识状态无关,她解释道:"在处理问题时,你通常受问题的约束,因为那些问题限制了你做出可能解决问题的决定。但是在梦中,所有的约束都不再有约束力,因此,你会想出一个以前不是很明确的办法。"根据巴雷特的理论,创新的想法会在变化的意识状态下产生而不是平时清醒的思维状态,可以理解为,梦者扮演的角色是一位观察者,而且往往会感觉在梦中的创新过程没有条理性。

举一个很好的例子:哈佛心理学家保罗·霍洛维茨设计了控制望远镜的机械装置,并应用于天文物理学,而在他研究新的激光望远镜期间,很多方面遇到了问题。霍洛维茨说他梦到了解决这种问题的新方法。如他所说,"这些梦都有一个陈述者,它用言语把问题描述出来,然后,声音会提出解决方案,而我也想出了方法。我看到一个人在机械设备前工作,他在为光学仪器安装透镜或是电路,不管怎样,我被这迷住了"。他还说他的床边放着钢笔和铅笔来记下他所看到的画面,因为对于比较普通的梦来说,如果在醒来后不立即记下来,它们就会永远地消失了。他还把记录拿给了他的同事,并宣布他确实梦到了解决方法——他们现在已经习以为常。

同样,20世纪60年代,在马萨诸塞州科技学院工作的数学家唐纳德·J.纽曼正在研究一种解决数学问题的新理论,他感到很困惑。在那时的校园里,纽曼属于那些不畏惧挑战的数学家,其中还有数学家约翰·纳什,这位数学家的生平事迹后来成了畅销书刊和电影的题材,如电影《美丽心灵》。

纽曼说他以前从来没有过这种经历,并感到梦中的意识万分强烈,当他发表阐述这个问题的论文时,尽管帮助来自梦境,但他还是赞扬了约翰·纳什的贡献。纽曼说:"因为这种特殊问题是纳什研究的那种,所以我梦到了他。我想,如果我不认识他,我就无法解决这个问题。"

在梦中想出解决问题的方法不会受到智力方面的限制。这就像鸟儿在睡眠中反复练习来提高唱功一样,运动员有时也在他们的大脑休眠时寻找新的方法来提升运动功能。职业高尔夫选手杰克·尼克劳斯于20世纪60年代中期一场比赛结束后有过一段经历,这使得他在20世纪70年代继续打球。他在向《旧金山记事报》记者讲述自己的经历时说他梦见了击高尔夫球,从而帮他重新找回了巅峰状态。尼克劳斯说:"我在梦中击了一个漂亮的球,而后我发现没有像以往那样握球杆，因为我的胳膊脱臼了，所以拿不住球杆打球，这给我造成了很大的麻烦，然而我在梦里却做得十分完美。因此，当我早晨来到球场后，试着用梦中的方式，结果真的奏效了。第一天和第二天我分别打了68分和65分。"

梦中开放的思维有时也会带有一些普通的素材。凯西·赫克斯撒尔20世纪60年代在摩洛哥的一个村庄做和平志愿者，当时，她负责教当地的妇女编织技术。她只会织外套和手套，但是其中一个妇女却想织袜子——赫克斯撒尔以前从来没有织过。她说："我搞不清的是怎样织脚后跟那个部位。我的精力全部用在了这个难题上。后来，一天夜里，我在梦中想出了方法。在梦中，我正在织袜子，我把怎样织脚后跟的方法看得很清晰。醒来后，我就来到集合地点把织袜子的方法教给了她们，就像我在梦里做的一样。"现在，赫克斯撒尔在马萨诸塞州的剑桥做护士，她说她现在做完梦不会再记住了，也没有再一次在梦中产生这种创造力。所以，这件事在她的记忆中显得尤为突出。她说："在梦中学会做以前从未做过的事真是一次不寻常的经历，因此，几年过去了，我还会将这件事讲给人们听。"

通常，一种创新思维要凭借视觉象征才能在梦中产生。例如，在伊莱亚斯·豪发明缝纫机期间，他一直都在困惑如何确保机器上缝针的安全性以便于缝针任意地穿过布料，这是因为他始终都在用手握式缝针，而这种缝针穿线的口是在针尖的相反处。结果答案却在梦中出现了，在梦中，他被一群涂着作战涂料的原始人包围着，那些人要把他处死。正当面临死亡时，他注意到那些野人拿着矛，这种矛带有眼形的洞，而近处就是矛的尖头。醒来后，他认为缝纫机上的缝针应该像梦中的矛一样，穿线的洞位于针尖附近。的确，这种方法奏效了。

还有更多在梦中产生发明的例子，如艾伦·黄，他是AT AND T贝尔实验室光学计算研究的负责人。他多次梦见由魔法师门徒们组成的两个军队提着装满数据的桶并向彼此进攻，他们总是没有发生冲突就停止了前进，直到一天晚上，他们没有停下，而是继续前进，然后穿过了彼此的军队。产生在黄梦中的思维表达方式好比是光与光的穿梭。醒来后，他确信梦中的视觉象征向他展示了利用激光设计出特殊计算机回路的方法。激光束就像魔法师的徒弟可以穿过彼此，因此，他们不需要单独的路径，电流也是如此，这就是他这项发明的关键。迪尔德丽·巴雷特解释道，在梦中的发现，激光表现得十分强烈，"也许是因为他们都位于科技的前沿而且促成了视觉影像"。

然而，这种由梦中产生的联想与联系似乎对解决常规问题没有什么帮助。在 20 世纪 70 年代早期的一系列实验中，梦的研究者威廉·德蒙特经验丰富，他将问题的副本分别发给了 500 个大学生，要求他们在睡觉前 15 分钟内做完。到了早晨，他们将前一夜做过且能记起的梦记录下来，如果问题没有解决，再用 15 分钟来做。1 148 个解决问题的可能只在梦中出现了 7 次，成功的概率少于 1%。然而，有趣的是，实验中的一个男性实验对象似乎通过梦中的视觉影像解决了问题，但是他却没有意识到。德蒙特提出的问题是："HIJKLMNO：这些字母的顺序代表什么词？"正确答案是"水"，因为它表示 H_2O，或字母 H 到 O。这个实验对象以为在睡觉前想出的"ALPHABET"是问题的答案。后来，他做了 4 个梦，全部是水的场景，其中包括倾盆大雨、航海以及带着呼吸器在海洋中潜水。尽管不符合常规，但是，在这种带有古怪场景的梦中，他的大脑凭借创造性联想产生了明确的答案。

这种特殊的运转方式对于产生在梦中的创造力来说是关键。工作在哈佛大学的梦研究者罗伯特·史帝克古尔德指导了俄罗斯方块游戏的研究。他说："在快速眼动期睡眠期间，大脑的运转没有依靠逻辑和短暂记忆的支持，而且也缺少影响神经系统的化学物质来集中精力，所以，考虑到所有因素，我们有了一些暗示，就是大脑在让你做开放式的思维，从而想出解决问题的妙招。"从理论上来说，快速眼动期睡眠状态是用来识别和形成新的联想，而我们在正常的清醒状态下是不会产生这种联想的。史帝克古尔德还说："如果你在白天开车，有一个人忽然出现在你面前，你就会立刻做出反应。你不会让自己溜号去想跳方块舞以及出现在你面前的人，而那个人没有让你想到其他人，如某个演员或某个歌手。"然而，大脑的思维溜号，用广泛、特殊的方式识别意义，这些，快速眼动期睡眠都给他们留出了可靠的时间。

根据艾伦·霍布森以及在哈佛工作的同事大卫·卡恩发表的理论表明，事实上，这种在梦中产生的非线性意义也许是一例在大脑中生效的混淆理论。混淆理论兴起于 20 世纪 70 年代，作为一种新的方法，这种理论有助于心理学家、数学家、生物学家以及其他领域的科学家理解存在于看似混乱中的正常模式，此外，他们还可以利用数学公式和计算机模型来分析从云是怎样产生的，到传染病在人群中是如何散播的，再到银河系是怎样产生的等问题。

这种了解世间万物是如何运转的方法告诉我们，所有复杂的系统都是稳定的，或是自我组织的，而且，一旦它们失去平衡，新的秩序就会产生。即便是在一个复杂系统最初状态下小小的改变也会使最终结果产生迅速猛烈的变化。蝴蝶效应就是正确诠释这一理念的例子——一只蝴蝶拍打翅膀搅动着加州当今的空气，从而在一个月后影响了世界另一端的暴风雨规律。这个结论还可以像来自英国诗人乔治·赫伯特所写的著名的一段话：

因为没有了钉子，所以鞋子没了；
因为没有了鞋子，所以马没了；
因为没有了马，所以骑手没了；
因为没有了骑手，所以战争没了；
因为没有了战争，所以国王没了。

混沌理论中还提到，即使在表面上看似随机的系统里，自我组织也会产生潜伏且可察觉的秩序。大脑是一个复杂、无秩序的系统，实际上，在任何状态下来自输入信息中很小的转变都会造成运转的巨大变化。正如医疗组织所公布的那样，基于混沌理论，最近有关癫痫病的研究表明，癫痫病发作时会有预兆，发作时不仅要伴随着一股很小的电活动并跟随着可预见的模式。癫痫症患者的脑电波都是在手术前测得的，对于所测结果的研究，研究者们利用一流的分析方法，发现了相反的在病发前没有征兆的事实。但是，如果利用源于混沌理论的计算机程序来分析脑电波，工作在亚利桑那大学的科学家们却发现他们可以预见超过80%的并发症，这些并发症都是基于大脑中电信号的变化并且在体征出现前平均1小时发生的。如果在看似随意活动的大脑中找到这种模式，新型的大脑起搏器就会探测并避免将要发生的并发症。

我们还可以凭借混沌原则来了解梦。霍布森认为，我们在清醒时的大部分时间里，神经调节器如复合胺会起到抑制脑部混沌的作用，但是，在快速眼动期睡眠中，生理变化能够让大脑进入混淆状态，而清晰、复杂的梦就成了自我组织反应的外部标志。这种抑制力来自内心记忆并联系最近的经历，同时在形成的梦境和情节中，它会给敞开的门留有一个宽阔且可能的结合通道。

霍布森说："梦境也许是我们最有创造性的意识状态，在某个梦境中，混乱且自然的认知元素重组会产生全新的信息结构：新的理念。然而，许多或更多的这种理念也许是无意义的，但幻想产物中的一少部分确实有用，我们的做梦时间也不会被浪费。"

其实，对梦进行长期研究的斯蒂芬·拉博格认为，这些可能出现在快速眼动期睡眠中带有创造性的全新连接可以发挥最基本的效用，这种效用给予了我们达尔文适者生存理论的优势。拉博格说："梦也许会产生大范围的行为图示或原意来指导感知和行动，从而适应变化的环境。"

伯特·斯塔兹是工作在康奈尔大学和位于圣芭芭拉的加利福尼亚大学前英语和戏剧教授，他认为，如果作家、画家、科学家以及理论数学家在清醒状态下被创造过程所困，那么，能够产生梦的变化的自我组织也会与产生在脑中的画面相似。斯塔兹一直都对做梦有着浓厚的兴趣，并在他的著作《在黑暗中看到：梦与梦的反思》中写到了做梦与艺术的关系。现在退休的斯塔兹对另一领域有了热情——在他家后院创作油画。这种油画有一种梦的特征——在无限的光线、云团以及微妙的色彩变化中，画面的景物戏剧化地被天空占了全局。坐在花园里，伴随着蜂鸟在他周围的花丛中飞来飞去，斯塔兹说，鉴定扫描或其他画家和作家对影像的研究可以很好地显示出相同的激活模式，还可以在快速眼动期睡眠状态下大脑产生梦时被看到。

斯塔兹说："对于艺术家、科学家、作家甚至一些读小说的人来说，他们的思维在清醒状态下所产生的虚构画面与一个梦者所产生的类似，他们沉浸在另一个世界里，而且只是最低限度地去想现实的事物。幻想还伴随着像梦一般的迷失状态，这就是为什么当某人在看书或白天做梦时不能做手术或拆除炸弹的原因。"在梦中如同你沉浸在书中，看与被看是相同的，你确实看到了一页的字，但是它们所指代的事物却消失在脑海的画面里，直到你被电话的铃声或是配偶的声音叫醒回到现实。然而，在做梦时，画面会不断地形成而不会被来自外部的信息所打断。

斯塔兹指出，梦中大脑的最终产物与作家或视觉艺术家所创造的视觉效果存在相同的特征。他还说，所有种类的梦与艺术都是相同的生物需求将经历转变为一些结构形态的表现。斯塔兹解释说："梦利用电影的视觉效果来戏剧性地表现出自己。在梦和虚幻的视觉世界里，我们一生可以从悬崖跳入大海很多次，然而在现实世界里我们只能做一次。"

斯塔兹还指出，那些很普遍的梦如在公共场合裸体或是从悬崖上掉下去都与文学上的原型相同，并与嫉妒、欲望以及复仇相似，这些从希腊神话到现代文学都有所体现。没有人会愿意从河边跳入汹涌的河里；也不会有人想要孤独、被世界忽视、被羞辱、光着身子被抓、没有任何准备、处于困境或是在威胁到来前麻痹。因为我们很难避免这些感觉的影响，所以我们梦到了它们，而且，在特殊的文化或环境中，这些梦只是在具体的个人经历方面有所变化。

这种睡梦中大脑无抑制的自由方式可以使你从高楼上跳下来，还可以让你在都市的上空翱翔，这些都是创造过程的需要。所以，倘若那些梦的高产者们在清醒时有创造追求的倾向，那么这也不足为奇。斯塔兹猜想，那些对艺术、理论科学以及数学痴迷的人也许具有神经线路，这种神经线路拥有特殊能力，可以使不连续、分解的推理联系在一起——自由的乙酰胆碱（在快速眼动期睡眠中起主导作用的神经调节器）在我们的梦中充分发挥了作用。

其实，斯塔兹的理论与詹姆斯·佩奇尔的研究结果相一致。佩奇尔是位于科罗拉多州普韦布洛市落基山睡眠障碍研究中心的主任。佩奇尔从1995年至1997年期间发起了一项研究，他在犹他州圣丹斯电影学院的参与者中分析了做梦与创造力之间的联系。这些研究的参与者中，有62个剧作家、导演和演员。佩奇尔发现，在这些有创造力的人群中，梦的记起数量是早期对普通人群研究的两倍。此外，他们说到做梦对他们清醒时创作的影响力超出了一般情况的两倍。佩奇尔说："因为梦利用率和记起数量的增多，所以毫无疑问，这些成功的电影制作者们会与其他的研究对象不同。我还发现了支持这一观点的依据，即那些在创造领域有成就的人也许是利用了做梦的功能，而且还会从心理上接近梦境。"

佩奇尔还对一些声称自己从来没做过梦的正常人群做了临床研究，他认为这项研究也可以支持他的观点。他说："我们只是每年挑选5或6个声称自己从未做过梦的人，5 年过去后，我让 16 个研究对象接受实验室的测试，看看他们有没有做梦。"虽然实验对象在夜间或是早晨被叫醒，但是对于那些说自己没有做过梦的人来说，记录下来的不单单是一个梦。而对于另一组很少记起梦的人来说，有两个人在醒来时确实有梦的记录。研究这些不做梦的人可以找出共同的联系，这种联系能够解释他们为什么没有做梦的迹象。佩奇尔认为，表面上的差异就是他们在清醒时都没有创造途径，甚至爱好。他说："也许，在清醒时没有创造动力或创新力的人不依靠梦也能够发挥能力。"他还想研究一下那些不做梦的人是不是缺少做梦所必需的视觉空间力，这很像大卫·福克斯在孩子做梦研究中的两个男孩儿，与其他年龄在 11～13 岁的孩子相比，这两个孩子不是很少做梦就是梦得很乏味。尽管这两个孩子的语言能力和记忆力都很正常，但是，他们在用来考察视觉空间力的积木设计测试中的分数却很低，与其他同年龄的孩子不同，他们在快速眼动期睡眠醒来后很少有梦的记录。

佩奇尔在电影制作者中发现拥有视觉想象能力还要归功于梦中特殊的人物。电影就像梦的载体，首次播放电影的漆黑屋子起初被叫作"做梦的地方"。许多知名导演都表示他们经常将梦与他们的电影融合在一起。路易斯·布纽尔就是其中的一位，他梦见自己必须上台扮演一个角色，但是他既没有演练过又忘记了台词，布纽尔将这个梦改编成了电影的一幕，在电影《资产阶级的审慎魅力》中，一个性情急躁的观众发出了嘘声。费德里克·费里尼将他童年梦到有关魔术师的故事改编成他最后一部电影《八又二分之一》，他直截了当地说"梦只是现实"。而导演英格玛·伯格曼说他确实将自己梦到的故事融入影片《野草莓》中。由梦带来灵感的影片可以将情感激发到顶点，在那一刻，主人公被一个从棺材中伸出来的手抓住，而他却看到尸体的脸就是他自己的脸。伯格曼表示"我认为我制作的所有影片都来自梦"。导演理查德·林克莱特指导的影片《半梦半醒的人生》完全来自一个梦，片中主人公和观众的经历是同时存在的。吉恩·科克多的评论中写道："他的影片用了全新的表现手法。一部电影不是我们所说的一个梦，而是我们共同的梦。"

佩奇尔解释道，作为研究对象的电影制作者们在清醒时往往特意去用他们的梦来打破阻碍创作力的城墙。他说："作家们利用梦来确定一段故事情节下一步的发展，而演员把梦做得更充分，每次出演一个新的角色都会对他们注入

新的活力。"

这些参与者依靠的是一种叫作潜伏的技巧,这种技巧能让他们在睡觉前将注意力集中在各种问题上,目的是在夜间混沌状态的创造性思维中激活大脑产生开放式的解决方法。迪尔德丽·巴雷特为潜伏技巧推荐了一套方法:先简单地描述并写出你所困惑的问题,然后在睡觉前看一下你写的内容,当你在床上时,想象一下你正在做有关这个问题的梦,当你渐渐进入梦乡时对自己说你会梦到。在你身边放一支笔和一张纸,一旦醒来就记下你所记起的所有梦的情节。

你所获得的一切成果不可能符合你清醒时所凭借的逻辑和线性思维,因为梦中的大脑通常在生理学上不会为此而调整。相反,如果潜伏功能发挥了功效,解决方法会以非逻辑和意想不到的方式产生,这好比在威廉·德蒙特的实验中解决问题的梦者想出正确答案一样——水——在梦中,他没有想到通过收集水的画面来获得答案。

凭借梦的潜伏技巧可以获得一个相似并且特殊的解决方法,这种解决方法在迪尔德丽·巴雷特叙述的一个化学家的故事中有所解释。印度的一个化学家正在努力研究发生化酶来提取原油。就在他要睡觉时,他将注意力放在了如何解决这一问题上,而后他便做了一个梦,梦见一辆卡车满载着腐烂的甘蓝。起初,这个梦看似无用。但是,当他回到工作室继续研究时,他忽然意识到这个梦还是很有意义:腐烂的甘蓝会分解成用来提取原油的酶,而这正是他在研究的项目。巴雷特总结道:"最重要的一点就是梦将未知的事物告诉我们——我们最好去聆听。"

第九章
变化的状态

>有一次,我梦见我是一只正在飞的蝴蝶,感觉到它非常快乐。它不知道它就是庄子。忽然,我醒了,又回到了自我,一个真正的庄子。我不知道到底是庄子梦见他变成了一只蝴蝶,还是作为一只蝴蝶的我梦见蝴蝶变成了庄子。
>
>——道学家庄子(公元前4世纪)

工作在加州帕洛阿尔托市的办公室里,斯蒂芬·拉博格(Stephen LaBerge)感觉像被幻境的世界所围绕:白色的云团在天蓝色的墙上翻腾,一个阳光灿烂的夏天,站在草地上伸着懒腰,胳膊一直伸到脑袋后,看见一支白色的舰队在头上方航行。这种超脱现实的工作环境特意为拉博格所设计,经过20多年的研究,他认为,我们梦中的经历与现实世界所定义的界线不像许多人认为的那样死板。就像快速眼动期的发现需要重新审视睡眠的概念,而睡眠只是大脑需要休息的一种状态。拉博格所做的研究是一种特殊现象,即浅显易懂的梦最终改变了对梦中思维特征的科学思索。

拉博格从小就酷爱冒险剧,每个星期都在当地的电影剧院迫切期待着新的舞台剧。一天,在一个特别刺激的梦中,他梦见自己扮演一个水中的海盗,醒来后,他希望第二天晚上还能回到那个梦境中,使情节继续发展,就像他最爱的冒险剧的下半部分一样。在天黑前,他不但能够继续做这个海盗的梦,而且他还知道自己既是片中的演员又是所有情节的导演。他回想到"我抬头看见海平面就在我上方,一开始,我感到惊慌失措,但是后来我想不必因为屏住呼吸而感到着急,因为我是在梦里,我可以在梦中的水里呼吸。从来没有人告诉我控制我的梦是不可能的,所以我就将这次历程持续了几个星期,我完全知道我是在梦中，并充满了快乐"。在那时，拉博格还不知道他做的叫什么，他经历的是比较明晰的梦——当梦在进行时，做梦者可以知道自己在做梦。正如拉博格所做的那样，一些明晰的梦还可以在梦中有意地操作场景、人物以及动作。

然而，这种现象本身就让人着迷，而且还提供了一个暗示——梦是可以揭示意识奥秘的窗口。通过对这个相对新鲜领域的研究，我们可以了解，明晰的梦是在大脑中产生心理转变的结果，并结合了梦者的意志和意图，而梦者在快速眼动期睡眠中能够产生自我意识是要素。尽管在梦进行时，大部分做梦的人不知道他们在做梦，但是在明晰的梦中所发生的特殊事物会引起我们的注意，那些由浅显事物所引起的注意仍然是研究者们努力解开的谜团。这个答案也是解决更重要问题的关键，即在清醒状态下，是什么让我们产生审慎的自我意识感。

拉博格不断地探索着与明晰的梦有关的问题。他在亚利桑那大学仅仅用了两年的时间，19岁就获得了数学学士学位，1967年他在斯坦福大学攻读化学物理学硕士学位。尽管他放下了伴随童年作为娱乐的明晰的梦和那些装扮游戏，但是他始终对探索思维功能充满了浓厚的兴趣，而且他对东方思想的迷恋不亚于科学。其实，拉博格在成年后记起的第一个明晰的梦是从伊色冷研究所的讨论会回来后不久，这个融和了东西方哲学文化的研究所是选择性教育中心，坐落在加州附近的大瑟尔海滨。研讨会上由一个西藏佛教徒传授经验，他主张参与者尽量在24小时保持意识力，即便是在梦中也要保持自我反省意识。

研讨会结束的几个夜里，拉博格梦见了他穿着短袖衫行走在积雪上，攀登喜马拉雅山。他想知道穿着那样的衣服为什么自己感觉不到冷，这种矛盾让他知道了自己是在做梦，就像他在水中不用担心呼吸一样，而这又是了解他童年时海盗梦的关键。实际上，对于许多梦者来说，曲折的情节或场景奇怪得令人吃惊，而这些又会突破梦中的大脑所产生的影响，因此他们第一次意识到他们找到的自我世界完全是他们自己创造的。死去已久的朋友作为一个角色出现在梦中，这是清晰梦境共同的催化剂，特殊的场景促使我们怀疑它的真实性，或是追寻令我们恐惧的某个场景，从而使我们意识到自己是在做梦。这种突然的领悟通常会把我们叫醒，但是有了运气或技巧，我们可以让梦进行下去。当拉博格知道自己梦到登山冒险时，他选择了从山的一侧飞下来，而不是继续向上

第九章 变化的状态

爬，从而完全沉浸在感受大自然变化的意识所带来的兴奋中，这也是他自童年后第一次有这样的感受。

在随后的几年里，拉博格继续对明晰的梦做着非正式的实验，在此期间，他绕过了学术领域——他生命的一个阶段，后来被他形容为一个"寻找嬉皮士世界圣杯"的裂孔。然而，在20世纪70年代后期，他决定回到科学领域来获得斯坦福大学精神生理学的博士学位，他把明晰的梦作为博士论文的主题。从1977年2月起，他就开始写明晰的梦的日记，到20世纪80年代中期，已经记录了将近900个梦。

尽管当时有大量的历史依据，但是大部分的西方科学家还是怀疑这种现象的真实性。公元前4世纪，亚里士多德就很明确地介绍了明晰的梦，他写道"意识所表达的事物会以梦的形式表现出来"，正如拉博格在伊色冷研讨会上所了解的那样，西藏的佛教徒将明晰的梦的一种形式融入可获得精神锻炼的瑜伽中，至今已有1 000多年了。欧洲也有探索这种梦的悠久历史，法国侯爵赫维·德·圣丹尼斯（d'Hervey de SaintDenys）是一个善于做明晰梦的人，他将自己的经历写成了一部名为《梦和如何引导它们》的书。"明晰的梦"这个词首次出现在1913年弗来特力克·望·蔼覃的论文中，望·蔼覃是荷兰精神病学家，他写了352篇自己所做的明晰梦的日记，时间是从1898年到1912年。1969年，美国燃起了研究明晰梦的兴趣，那时，望·蔼覃的论文再版附在了《改变的意识状态》中，这是一部由查尔斯·塔特汇编的科学论文选。查尔斯是加州大学伯克利分校的教授，他有过明晰梦的经历，在本书的引言中我们已经提到过他。

然而，当1977年拉博格正要将他的研究发表在博士论文中时，那时的研究者却对明晰梦不予重视，他们的理论认为，主张明晰梦的人不是真的想睡觉，而仅仅是记录了他们的心理经历，这些经历产生在快速眼动期睡眠或其他睡眠阶段的"极度清醒"状态中。在那些怀疑者中就有梦的研究奠基人威廉·德蒙特，他早期的工作是在芝加哥帮助尤金·阿瑟林斯基和纳撒尼尔·克莱特曼做实验来证明快速眼动期睡眠的存在。现在，他是斯坦福大学睡眠实验室的主任。因为拉博格希望利用迪蒙特的实验室为他的论文做明晰梦的实验，于是便与德蒙特取得了联系。他还得到了德蒙特实验室的另一位研究者林恩·纳奇尔的支持，因为他也对这项研究感兴趣。拉博格说："所有我了解的同时期梦的研究中都认为想获得明晰梦是不可能的，然而，因为我自己能频繁地做到，所以，我告诉比尔我想用科学来证明明晰梦是存在的。"

德蒙特认为拉博格的精神值得鼓励，所以对他大力地支持，而且纳奇尔还为他提供建议和帮助。梦者在梦开始时向实验员传达的信号就是确定梦者在睡觉期间是否产生明晰梦的关键。监视脑电波、眼睛移动以及其他睡眠状态的生理指示，实验对象对这些所用到的仪器感到很奇怪。因为拉博格知道自己在明晰梦中可以控制自己的眼睛，所以他决定做第一个研究对象，他在一系列特殊的眼睛运动中将眼睛左右移动，从而很轻易地与快速眼动期睡眠的非本能眼睛运动区别开来。1978年1月13日星期四，拉博格首次成功将眼部信号传达给纳奇尔，而且他是在明晰的梦中。睡了7个半小时后，他意识到自己是在梦中，而他必须继续下去，因为他看不见、感觉不到甚至听不到任何东西。后来，他记起自己是在实验室而且可以将他明晰的梦详细地描述出来：

> 画面中似乎有一个吸尘器或是某个家具的说明书在漂浮着。我的意识仅仅把它当作漂浮的垃圾，但是，当我用心并尽力阅读上面的文字时，画面定住了，而后，我想睁开眼睛。我看见了我的双手，还有我睡梦中的身体，而我正在床上读说明书。梦中的房间与我现实睡觉的房间十分相似。既然我是在梦中，我便决定做眼睛运动，从而与信号保持一致。我让手指随着我的眼睛在我面前竖直运动。后来，我对我能够做到这些感到非常兴奋，而梦被这种感觉惊醒了，不久便消失了。

拉博格持续了13分钟的快速眼动期睡眠，醒来前的波动描写器上记录了两次剧烈的眼部运动。这个真实的记录证明了毋庸置疑的快速眼动期睡眠中至少产生了一个明晰的梦。作为一个实验对象，拉博格与纳奇尔在实验室继续对他进行记录。不只是他的明晰梦产生在不可置疑的快速眼动期睡眠中，且不是短时间的清醒状态，而且在后续的实验中，那些在实验室里被监测的实验对象，他们35份记录中的32份表明在快速眼动期睡眠中产生了明晰的梦。其他两个实验对象一个是在第一睡眠阶段，另一个是在第二到快速眼动期睡眠的过渡阶段。这些实验对象成功地利用眼部信号来传达 30 个明晰梦的开始。后来，实验者们知道了实验对象在什么时候开始他们的明晰梦，并且能够注意到眼睛、大脑以及肌肉所发出的电生理学信号。有 90% 的案例显示，梦者身上的某个部位能够发出信号来暗示明晰梦的开始。拉博格通过用一些技巧来训练其他的实验对象，从而促使他们产生明晰的梦。从这种研究可以看出，在梦中产生自我意识是一种可以通过练习来获得的技能。

拉博格的实验记录足以让德蒙特和其他科学家信服，从而赢得他们的赞同。德蒙特发表了他的看法，到 1980 年为止，已经有足够被记录的数据来证明"在明晰的梦中，梦者的确可以感觉到自己在梦中，并可以继续留在梦中，有了这种优势，梦者就能够与外界交流"。一年一度的睡眠与梦的研究大会于 1982 年在马萨诸塞州的海恩尼斯港口举行，拉博格在会上发表了 4 篇有关明晰梦的论文。他还在由罗伯特·范·德·卡斯特尔主持的会议上公布了一些数据，卡斯特尔在弗吉尼亚大学的医学院工作。他回想到"我认为他对设计构想得十分缜密，与研究相关的数据也令人印象深刻。我向聚集在这里的梦的研究者们表达了我的看法，在实验室环境中产生的明晰梦是一个不可辩驳的事实，这也是最终合理的结论"。甚至大部分的怀疑者也相信这种梦是快速眼动期睡眠中一种特有的现象。

在那之前，研究者们都凭借来自侯爵拉普拉斯的经验。拉普拉斯是 18 世纪法国数学家和天文学家，他曾说"证据的分量一定要与事实的奇异性成比例"。从本质上来说，一种与科学所接受的实体相背离的理念只有被极为严格的标准证明后才能够被接受，而与被接受的事实相一致的假设结论却可以不用证明就被接受。当拉博格在会上发表明晰梦的研究时，他说："证据的分量最终与事实的奇异性成了比例。"

拉博格在 1980 年发表了有关明晰梦的论文后，收到了来自英格兰利物浦的研究生基思·赫恩的文章，现在，赫恩是擅长催眠术疗法的心理学家，他在几年前就一直做明晰梦的研究，实验对象是艾伦·沃斯利，他从小就经常做明晰的梦。沃斯利是在实验室中快速眼动期睡眠状态下被监测，在研究期间的 8 个梦中，他发出了明晰梦开始的信号。赫恩没有公布最初的研究成果，而拉博格是了解它们的第一人，当时，在拉博格发表了有关明晰梦的论文后，赫恩给

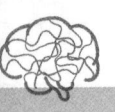

《今日心理》的编辑写了一封信。拉博格说："如果赫恩在利物浦的研究成果在几年前被我们所了解,那么,我们就可以依靠他对这个领域作出巨大贡献了。"

随后,更多有关这一话题的论文相继得到发表,明晰梦的概念也开始在普遍的幻想界流行开来,于是,诞生了《明晰》时事通讯,一种浅显的联想,后来,各大网站上也都有了这一主题,这还包括当时被晋升的明晰梦,即脊髓受损的患者把它作为享受完好身体的一种方式,因为在现实世界他们是无法做到的。

美国、加拿大以及欧洲各大学府的研究者只是对明晰梦做了零星的研究,而拉博格始终是这一领域的忠实支持者。他主要依靠个人的捐助以及来自明理学院的收入,明理学院是他为了推进这一项目于1988年建立的。拉博格采取很多方式来应用他的研究成果,如研讨会(很有代表性的是在夏威夷举行的),还有研究流行的明晰梦的其他方式,这包括他发明并投入市场销售的新星梦者(Nova Dreamer)——一个睡眠的面具,可以探测出梦者何时进入快速眼动期睡眠状态并作为一种提前的暗示发出闪光来照亮梦者的眼睛,从而有助于促使生成明晰的梦。拉博格把这种装置作为一个工具来帮助人们培养明晰做梦的习惯。"新星梦者(Nova Dreamer)(标价在300美元左右)不会让人们产生明晰的梦,还不如健身器帮助人们锻炼强健的肌肉"。为了反驳面具几乎等于安慰剂的想法,拉博格对1995年早期的装置进行了研究。他测试了14个实验对象,这些人都是在夜间用该装置且不知道装置被输入了程序只能在交替的夜晚发出暗示的光。该装置的特征就是排除安慰剂的影响来准确地确定暗示的光对促成明晰梦的程度有多大。而测试结果表明,如果实验对象确实被照到了暗示的光,大部分人在夜间都做明晰的梦,获得暗示与未获得的比例是73∶27。

尽管在近几年又出现了各种新鲜的明晰梦,但是,毋庸置疑的是以安定为基础的科学是合理的。当梦在进行时我们知道自己是在梦里,而且,一些梦者还可以特意地去控制梦中的行为,如向外界传达信号以及执行睡觉前的任务,以上这些都已成了可能。举一个在德蒙特实验室的例子,因为在快速眼动期睡眠中,除了眼部肌肉外就只有呼吸肌肉可以像清醒时自由地运动了,所以拉博格就检验那些做梦的人是否可以在明晰的梦中利用睡前的指示来改变他们的呼吸方式。3个明晰的梦者被要求呼吸急促或屏住呼吸，同时用眼睛运动发出信号来标志变化的呼吸间隔的开始。这几个实验对象都顺利地执行了指示并将呼吸模式一共改变了9次。所有的这些都可以独立地通过脑电图描记器和其他的监测仪器检测出来。

自从20世纪80年代以来，各种有关明晰梦的研究都一致认为，超过一半的反馈报告中显示至少生平中的一个梦是梦者在最低程度上知道自己在做梦。在一些睡眠实验室的研究中，有1%～2%的快速眼动期睡眠者醒来表示他们做了明晰的梦。平均起来，实验室所研究的明晰梦仅仅持续了几分钟，但是有些明晰梦通过眼睛运动发出的信号证明至少持续55分钟。

经常做明晰的梦的人（至少每个月经历一次）占大部分，比例是从一个调查中低于10%到其他调查中多于20%。一般来说，最有效的明晰预测方法就是清楚地记住梦。根据一些研究者的理论，那些练习沉思的人善于做明晰的梦，这也不足为奇。想要在一个梦中让明晰的梦持续任意长的时间，这就需要分离的、可接纳的情感还有行为以及思想，同时要积极地运用它们——综合在一起就是沉思所必需的因素。

大部分明晰的梦都是在梦者已经进入快速眼动期睡眠后才开始的，而且它们通常都是出现在午夜快速眼动期睡眠的第二阶段。约翰·安特罗布斯是一个经验丰富的梦的研究者，他的理论认为，明晰的梦往往产生在午夜睡眠的第二阶段，因为在那个时间里，自动伴随快速眼动期睡眠且增强的脑皮质，它的活性随昼夜循环的身体达到顶峰而增强：无论我们在任何睡眠状态，我们体内的时钟都会随着清晨的临近而自动增加体温，增强大脑的活力。

加拿大梦的研究者托尔·尼尔森认为，随着快速眼动期睡眠时间在第二阶段的增长，一些非明晰的梦也开始增强并接近故事情节。他说："我们在研究中发现梦在后期的时间开始增长，更加超凡脱俗，情节也更加自然流畅。"

事实上，拉博格建议了一种提高做明晰梦频率的方法，即比平时提前1～2小时醒来，保持40～60分钟的清醒状态，然后带着做明晰梦的想法再继续睡觉。拉博格还发现这种"小睡技巧"可以将实验对象做明晰梦的数量从15次增加到20次。他还说，在研究中，明晰的梦都是产生在夜里的快速眼动期睡眠期间，而不只是在早晨，所以，用醒着的30分钟时间或更早打断睡眠

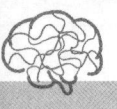

者的夜间睡眠可以促成明晰的梦。

明晰梦需要脑皮质的高度活跃来激起自我意识才能产生，安特罗布斯推测，左侧瞬时皮质（负责说话和产生语言）必须激活才可以产生明晰的梦。他说："你需要进行口头传译——'我知道我在睡觉'——为了做明晰的梦。"他的想法得到了拉博格一项研究的支持，研究表明，在明晰梦的前30秒中，实验对象头皮处的28个电极处，脑电图描记器的记录显示：大脑的活跃区域有一个突然的提升，而且所在的位置就是与言语有关的大脑左半侧。拉博格表示赞同，他认为这种激活可能与让梦者意识到他们是在梦中的内部言语意识相一致。

这种意识通常让梦者感到吃惊，尤其是那些第一次做明晰梦的人。拉博格说："你平时所依靠的感觉告诉你是在一个完美且外面不存在的世界里，这简直太惊奇了，尤其是当你第一次有这种感觉时。其实，超现实感是第一次做明晰梦最普遍的特征之一，当你有这种感觉时，你在梦中可以好好看看你的周围，还能够了解大脑中产生的奇异且详尽的情节。"一个惊人时刻被华盛顿埃弗雷特市的一个梦者所捕获，当时，他意识到他的经历不是由来自外部世界的感觉信息产生的。以下的一段记述来自《探索明晰梦的世界》，拉博格是其中的一位作者：

> 一天夜里，我梦见我站在一座山上，面朝着枫树、桤木和其他树木的顶端。鲜红的枫树叶在风中发出沙沙声。我脚下的草青翠且鲜绿，而我身上的颜色比看到的更深。也许"颜色应该更鲜艳"这种想法促动了我，使我意识到我是在梦中，而且我周围的一切都不是"真实的"。我还记着对自己说"如果这是个梦，我就能飞到天空。"我试了试身体的肌肉，高兴万分，因为我不费力气就可以飞到我想去的任何地方。我掠过树顶，飞过很远的新地域。我一直向上飞，远离地面，像一只鹰在气流中盘旋。醒来后，我感觉飞的经历让我精力充沛。我还感到有一种良好的状态，这种感觉似乎与我在明晰梦中控制飞翔的经历有直接的关系。

当梦在进行时，不是所有知道做梦的人都能控制下一步发生什么，但是拉博格已经证明，一些明晰的梦者可以掌握控制梦境的限度。许多明晰的梦者都有足够的能力发挥记忆功效，从而实施睡眠前的计划，如向实验室的研究者们传达明晰梦开始的信号。我们还不了解他们为什么有这种能力。至少一部分答案可以被一些现象所解释，即快速眼动期睡眠后期产生的皮质活性增高，而且伴随着更大的激活现象，该现象是随着清晨的临近，作为人体昼夜节律的一部分产生的。但是拉博格表示，产生明晰梦的能力仅仅伴随着经历增强，因为对梦者的实验利用了不同意识形态的运转规律，并且意识到事情发生的可能性。在一次实验中，实验对象被要求在明晰的梦中执行具体的任务，包括在明晰梦的场景中找到一面镜子并照一下。27个梦者（男女比例接近）记录了他们努力完成任务。虽然实验对象很容易找到镜子并看到里面的画面，但是，不知怎么的，他们看到的画面往往与清醒时不同。多于40%的参与者看到的画面变了样。所以，即使梦者能够发挥控制力，也会与清醒状态不同。拉博格说："当然，自我形象承载着心理作用，也许还伴随着复杂的内心世界。"他认为这也许会对梦中镜子画面的变化作以解释。这种变化是带有非明晰特征的梦中场景和人物转变的典型，但是，拉博格认为我们还不明白到底是由于缺少来自外界的感觉信息还是因为快速眼动期睡眠中大脑的生理特性。

根据基思·赫恩在利物浦大学的取样分析，大约有1/4的明晰梦者从来没有控制过梦境反而轻易地就知道了自己是在梦中。对于那些在明晰的梦中能够发挥控制力的人，他们的掌控力小到发挥一点能力来控制场景，大到控制他们自己以及其他人物的行动。下面是拉博格对芝加哥一位梦者的记录：

> 我梦见自己在我母亲的房间里，听到了另一个房间传来的声音。当我进入那个房间后，我意识到我一定是在做梦。因为这是梦，所以，我第一个口令是让房间里的人聊得更起劲。在那时，他们把话题转移到我的爱好上。我开始指挥故事的发展，他们也跟随着。发生的事情越多，我发出的命令就越多。这种体验简直太令人兴奋了，这也是我做的明晰梦中最令我震撼的一个，也许是因为我有更多的控制权以及对我的行为更加确信。

一些人说他们利用这种变化的意识形态来享受真实的安全性交。例如，大众心理学家帕特丽夏·加菲尔德写了大量关于自己明晰梦的文章,她表示梦的2/3是关于性,而其中一半达到了性高潮。为了了解明晰梦中的性高潮是否对心理上的回应有反应,拉博格对一个经常做明晰性梦的女性做了实验。他利用传感器来观察16个不同的数据频道,包括呼吸、心率、阴道脉搏和肌肉活动等,还有来自大脑的电活动以及眼部运动的信号。梦者被要求用眼部活动来传达明晰梦的开始,还有在梦中的性交活动以及达到性高潮的开始信号。该实验对象完全按指示去执行实验任务,而她对梦中的记录与在每一阶段所记录的生理数据之间有着密切的联系。在实验对象发出信号显示性高潮的15秒期间,阴道肌肉、脉搏活动以及呼吸率都达到了最高值,这就说明为什么梦中的经历有种真实感。对于男性来说,在明晰梦中性高潮的经历也有过记录,当他发现自己醒来并没有射精时,他感到万分惊讶,这个经历让他记忆犹新。

因为青少年有时没有做有关性交的梦就会梦遗,所以拉博格认为,在快速眼动期睡眠中,当阴茎受到刺激而自动勃起时,射精所造成的反应就会导致真正的梦遗。大部分梦遗都伴随着和性有关的主题,但是,拉博格认为,在这种梦里生殖器带来的感觉信息被传到大脑,并与性爱情节相结合来解释生理刺激所带来的感觉。总而言之,大脑会编辑性爱故事来应和它在明晰梦中所接受的生理信号,然而,拉博格还认为信息流被颠倒了。梦者的意识目的可以产生与梦者有关的信息,而这就是性梦产生的原因,性高潮发生"在梦中",从而产生了信号,这些信号通常是由大脑传给生殖器来刺激射精,这是快速眼动期睡眠中最有力的脉搏反应。

还有一个研究是探索梦中行为是否伴随着同一大脑活动模式,就像清醒状态下的行为一样。研究中,4个实验对象被要求唱歌,然后在明晰的梦中数大约10秒的数。他们利用眼睛发出的信号来显示在梦中他们什么时候开始执行任务。拉博格是第一个实验对象。当他进入明晰的梦中时,他发出了一个眼部信号,然后开始唱"划呀、划呀、划船"。后来,他又发出了一个眼部信号,并开始慢慢数数,一直数到10。之后,他发出了一个终止信号表示他完成任务。脑电图描记器在他唱歌时还显示他的右脑半球比左半球活跃得多,就像他在清醒时唱歌一样,在数数过程中左脑也像清醒时那样活跃。对其他实验对象做这个实验时所获得的结果也相同,在梦者清醒时他们被要求简单地设想一下唱歌和数数，脑电图描记器却没有显示出相同的结果，这还表明，对于梦中的经历，存在着一个生理规律，在某种程度上它会模仿现实中的经历，从而当我们在清醒状态下闭上眼睛并想一下唱歌或数数时，模仿的画面要比我们大脑创造的视觉世界看起来更真实。

倘若我们在睡眠中像在清醒时那样从同一记忆中提取信息并利用相同的神经网，那么，为什么夜间的梦所模仿的清醒时经历要比白天的更逼真？当我们在清醒状态下驾驶一辆汽车时，我们会接受外界的信息而产生感知，可以感觉到方向盘就握在手中，我们看见有车开向我们，随着旧火车开过，我们听到它发出的鸣叫声。在这一符合逻辑的过程中，所有来自我们感觉的信号会传到脑部合适的处理中心，然后激活神经网来产生我们对现实的感知，正如神经科学家安东尼奥·达莫西奥所说的："某种事情要发生的感觉"。但是，如果我们梦见在公路上开车或只是想象一下开车，那么，所导致的画面和感觉全部由内部产生，这是因为大脑要依靠记忆来激活适当的神经系统，从而产生梦中或虚构的开车经历。

想象的经历没有清醒的经历或梦真实，拉博格认为有两个原因。第一，当我们清醒时，感觉信息的神经活性要比想象的信息高。虽然我们的想象会很逼真，但是，在清晰的意识状态下，如果将画面和感觉的性质与真实的感觉信息相比，差异就会很明显。然而，在梦中，大脑所发出的信号只是由内部产生，所以他们很容易被认为是真实的。第二，幻想和记忆会产生一个掠夺者袭击的画面，任何机体都会将此时的感知弄错，这样会很危险。所以，有迹象表明，大脑有意地减少了在清醒意识状态下由内部产生的画面清晰度。脑细胞释放的神经调节剂复合胺似乎属于这个体系，该体系可以确保清醒意识状态下由感觉信息产生的感知与由想象产生的画面之间不会发生冲突。那些被释放的复合胺神经元在快速眼动期睡眠中受到抑制，但是，没有任何系统来阻碍我们产生梦中的画面和情感，而且我们更可以像清醒时那样清晰地感觉到它们，这是因为我们的眼睛、耳朵以及其他感觉器官都没有产生竞争信息来覆盖它们。

这也难怪我们总把梦境误认为是现实，而且我们也会有自己的窍门在梦中识别大脑是如何操纵我们的。明晰梦中的"思考"能力变化很大，但是有些人在这种状态下保持着高水平的认知力，例如，下面的一段引文是拉博格对来自

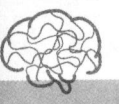

梦是如何思维的

加州林山一个梦者的记录：

我在一个花园中，对我能够飞起来感到无比的兴奋和快乐……而后，我降了下来，去欣赏花园的影像。我觉得在这个地方只有我一个人，同时，我又知道自己实际是在床上睡觉并做着梦。我被自己矫健的身体迷住了，我掐了一下自己看看自己是不是真实存在，这令我感到很愉快。我确实像其他人清醒时那样也感觉到自己是真实存在的。我开始认真思考这个问题，并坐在花园边的一个石凳上想。我认为："一个人在梦中的意识能力与他在清醒状态下的意识力成正比。"

能够在梦中产生复杂的想法并进行具体的思考，我感到很惊讶，而且我开始用一个透视法分析清醒时的状态，该方法也许在清醒时实现不了。对于我能在梦中做某件事并对整件事进行思考，我更是感到惊奇。起床后我便看了一下周围环境。我注意到这个花园是一个布置好的场景，所有的花都是用鲜艳的颜色描绘的，而且每一细节都是独立的场景。作为一个艺术家，我对这种与生俱来的绘画技艺非常感兴趣。

每个对明晰梦的实验感兴趣的人，他们的目的都是想在梦中醒来，然后保持足够长的时间进行一些探索。例如，一位纽约的工程师兼发明家，他第一次做明晰梦是在50岁，在梦中，他忽然感觉到周围的场景是大脑产生的一个令人叹为观止的黑人夜总会，而且所提供的动人原创乐曲由年轻的路易斯·阿姆斯壮演奏。这个梦者能够保持很长的明晰状态在那间屋子走动，并带着快乐情绪仔细地观察每个细节，此时，他明确意识到自己是在幻觉中。在他另一个明晰的梦中，他发现所在的屋子天花板太低了，连身体都站不直，后来，他知道自己是在做梦，所以立刻站直了身子，并撞穿了天花板，但是没有感到任何阻力。

拉博格首次将这种促进明晰梦的能力在清醒状态下叫作"现实性测试"。他建议每天提问自己至少5～10次是否在做梦，这样，在睡眠期间你的大脑就会习惯的产生这个问题。如果你遇到的情况与经常出现在梦中的相似，那么，用这种方法对自己提问非常有帮助：当令你惊讶的事发生时；当你激动或是看到清晰的梦境或遇到其他事情令你记起经常出现或发生在梦中的事。例如，如果你周期性地梦见电梯且令你感到焦虑，那么，每当踏入电梯内时你就问自己是不是在睡觉或是在做梦。拉博格在1989年的一项研究中，利用这种现实性测试的方法并在睡觉前做一下类似于梦的设想以及不断地提醒自己进入明晰状态，使实验对象做明晰梦的频率超过了150%。

当你在睡眠中并怀疑自己在做梦时，拉博格建议了一些快速检测的方法，这些方法可以帮你完全进入明晰状态，或者至少提示你是不是清醒。在幻境中，寻找任何形状的文字或钟面。在梦中，印刷字通常在某种程度变了样，而且当你把脸转过去再转回来看时，它们还会改变。同样，时钟或手表的表面也不会准确地显示时间或是保持不动。理查德·林克莱特那部精彩的影片《半梦半醒的人》将做明晰梦的现象描写得十分完美，而且完全依照他小时候一个不寻常的明晰梦的经历。在影片中，主人公发现了自己在做梦，但是他为逃出梦境做出的努力失败了。他多次经历了"假清醒"状态，在这种很普遍的现象中，梦者认为梦已经结束了，但取而代之的是他仅仅在梦中醒了。他经常利用钟表面上摇曳的画面来检验他是否在做梦。

这种第一次发现在梦中的"啊哈"时刻被一个在明晰梦中发生身体变化的梦者描述如下：

> 做了几个非明晰的梦后，我在一个梦中醒来。我站在一个停车场寻找我的车。找到车后，我发现车没了门把手。这让我感到惊讶而且很奇怪，犹如梦境却"知道"自己是醒着的。我想我可以往前走，并做一下"现实性检测"的练习。我看到了一个广告牌，读了上面的文字后转过头，再转回来读一遍。我简直不敢相信我的眼睛！所有的字母都变样了！后来，我知道自己在做梦。

然而，明晰状态有时会自发产生。例如工作在普林斯顿大学高级研究所的天体物理学家及教授皮尔特·胡特，在他的一个梦中，明晰状态是由一段歌曲开始的。胡特对意识的研究充满了浓厚的兴趣，下面是来自他日记的记录。

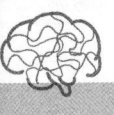

我来到一个酒吧，看到一群人正坐在那里，当我进去后，他们看着我立刻唱起了歌：

这是皮尔特的梦，

我们都在这里，

而这就是为什么

我们喝着免费的啤酒。

一些科学家原来对明晰梦持有怀疑态度，但是与他们理论相对的雄辩证据的出现，使他们对这种经历过的现象完全改变了看法。正如法国研究梦的奠基人麦克·朱维特于1993年写道："不得不承认一直以来我都不相信明晰梦的存在。但是，在过去的3年里，对于自己看到梦中所展现的画面，我感受到了乐趣，虽然我无法影响梦境，我却知道它属于梦。"

艾伦·赫特夏芬是一位值得尊敬的研究睡眠与梦的专家。现在，他退休于芝加哥大学。对于通过研究明晰梦的大脑影像所看到的前景，他感到无比兴奋："也许对于做梦来说，最特别的一点就是它没有审慎的意识。当我们做梦时，我们不知道自己是什么，而这种状态就是一种不寻常的意识形态。在一个有代表性的梦中，大脑不会告诉我们所处的意识形态，但是在明晰的梦中，它却可以。在明晰的梦中，对实验对象影像的研究应该确定神经的位置，因为它们能产生审慎的意识。"一些研究者推测，最重要的神经网位置就在前额皮质区域，通常，它在梦中不是很活跃。在那个区域神经元会再次被激活——也许受到与清醒意识有关的神经调节器升高的影响，例如含于血液中的复合胺，它也许会将一般的梦转变成一个明晰的梦。

但是拉博格认为这种观点也不会造成任何生理学上的改变。他表示，明晰梦在生理上所需要的是快速眼动期睡眠的高度激活状态。其他重要成分在普通的梦中缺少却在明晰梦中有所表现，这是非生理因素。拉博格说："普遍梦缺少的是心理上的需求，即识别一个人在做梦的意向。"他所主张的检验方法可以促进明晰的梦，从而有助于提供心理要素。

我必须承认，起初对我听到的有关明晰梦的一些详细评论有些怀疑，我始终都没有达到控制梦的程度，就像拉博格和他所说的成功明晰梦者——"梦遗者"（oneironauts）。但是，我本人可以证明这种现象的存在以及拉博格主张的检验的可靠性，而这种检验可以在梦中产生明晰的画面并加强自我审慎的意识。在某些情况下，我做了一些很糟糕的梦。在梦中，我死去已久的亲戚作为一个角色出现在我面前，而且使我意识到一定是在做梦，然而，自觉的意识也让梦终止了。在对该书做调查之前我读了一些有关明晰梦的背景知识，而后，我本能地做了第一个明晰梦——也许不是很奇怪，就在一个周末的早晨，我比平时晚起了一会儿。

在梦中，我看见我的妹妹在走廊里走着，这时我忽然觉得她太真实了，所以我认为我在做梦。后来我又想，如果我摸一下她的脸后没有任何感觉的话，就证明我确实在做梦。然而，当我碰到她时，有种真实感，而场景突然变成了一个在烈火中逃生的场面，我发现我正在一幢高楼外面爬着。随着我焦急地往上爬，我又一次觉得我是在做梦，我就试着问一下自己是不是在做梦，我没有继续在这吓人的逃生场面里爬。取而代之的是，我可以眨眼睛并立刻飞到楼顶。我确实做到了，而且很快就醒了。即便是梦的本身过于平凡化，我还是感到既惊讶又高兴，这就是拉博格说的第一次做明晰梦的人的感受。

我几乎随即就会醒来，这种现象也很特别。因为明晰梦一开始会使梦者完全清醒，所以拉博格和其他明晰梦的专家提供了一些窍门，如走钢丝般地让梦进行下去。当一个梦开始消失时，视觉画面通常是第一个标志——颜色开始消褪，画面也不是很清晰。而在你意识到这种现象发生时，如果你立即将注意力放在其他的感觉上——在梦中摩擦手或是碰一下其他东西，你也许会避免梦的消失。拉博格还提供了另一种方法，即如果你在清醒的边缘，那么让你的梦像陀螺一样自己旋转，通常，这样会促使你进入另一个梦境。他说所有的方法运用起来都有一个共同的特点：这些方法卸载了大脑的感知系统，从而避免注意力从梦境转移到现实世界。在明晰研究所的测试中，拉博格发现利用旋转技巧使梦持续的比率达到20∶1。

当被问到梦者为什么担心这些方法会在梦中产生自觉意识时，拉博格准备

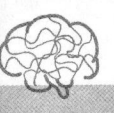

梦是如何思维的

好了答案：就是为了它的新鲜感和娱乐效果。"它把一个世界给了我，我就是创造者，这就是你在明晰梦中所发现的，而且许多人都会感到快乐，兴奋到了极点。"拉博格说。还有一些梦者用这些梦来克服恐惧以及检验清醒时所遇到的困难的新解决方法。以下是在弗吉尼亚纽波特纽斯（Newport News）对一位明晰梦者的描述：

我在两周前做了一个梦，梦见我被夹杂着龙卷风的暴风雨追赶。我站在一个悬崖上，下面是海滩，我在教其他的人怎样飞，并告诉他们这是个梦，在梦中你只要相信自己就能飞。我们过得很愉快，就在那时，暴风雨从海洋上袭来。龙卷风又回到了我的梦中，它们是我大脑中的怪物。

当这个场面发生时，预示着异乎寻常的飓风、闪电和巨浪的到来。一个小男孩、一只狗还有我在一起跑了一段时间寻找避身处。但是，我们停在最后一个悬崖的边上，前面是远海。恐慌使我开始失去明晰的感觉。然而，我又想，等一下！这是个梦。你只要选择就能继续跑，还可以打败龙卷风或是改变它。暴风雨没有伤害小男孩和小狗的能力，它要的是你。不管怎样，不用再跑了，它袭过来后看看怎么样。

在我想这些时，好像有种特别的力量使我们3个升了起来，几乎把我们的视线给弄模糊了，并把我们推到龙卷风里。小男孩和小狗在中途就消失了。龙卷风里有一种透明的洁白，还能感觉到一种奇妙的平静。同时，有一种等待变形的力量，它能够无穷无尽地反复变化再变化，充满了生气和活力。

明晰做梦可以产生强大的领悟能力，因为"你环顾四周后发现你看到的整个世界是你的思维所创造的，"拉博格说，"它会让你知道你拥有比以前更强的力量（或是做梦），由自己来改变世界。"带着对这种力量的兴趣，拉博格又回想起他自己的一个明晰梦，他说它们有传达领悟力的潜力："我做了一个梦，在梦中，我往山上走，而且已经走了很长的路。来到一个十分狭窄的桥，下面是巨大的深渊，看了看下面后，我不敢过桥了。我的朋友说：'噢，你不必走这条路，你可以从原路返回。'他随即向后指了一下那条遥远的路。不知怎的，

第九章 变化的状态

似乎走这条路很艰难，于是我就想了一下，如果我变得清醒一些，我就不会害怕过这个桥。后来，我有点清醒了，走过桥来到另一端。醒来后，我就想梦中的意义，它可以应用于平时的生活中。从某种意义上讲，生活就像一座桥，对未知、死亡以及周围没有意义的事的恐惧，无论是什么，都是导致我们失去平衡的因素。"

拉博格始终都很赞同佛教徒在研讨会上的观点，在会上，佛教徒讲述了他成年时所经历的明晰梦：西藏佛教徒把明晰梦当作一种精神训练，他们提倡有意识地控制梦境，立足于同一点去观察现实。佛教徒认为，在梦中和清醒时，受到启发就等于了解生命是多么的虚幻。拉博格认为，明晰的梦是充分理解所有虚幻经历的有效方法。

梦境与现实都要依靠幻觉，而且两种各自的意识形态可能更相似而不是相异，这种观点似乎很奇怪，但是要想仔细地研究，就必须基于科学的真实性。不论我们是醒着还是在睡觉，我们的意识都要依靠大脑控制的模式而运作，在任何时候，信息都是来自外部最可靠的资源。清醒时，指引我们行动和感觉的运转模式主要来自与外界有关的感觉信息，其次是来自储存在大脑中的背景信息——基于以往经历的期望和动机。在睡眠中，如果通向外界的感觉入口被关闭，取而代之的是产生意识的模式被启动，而且只是来源于记忆中的背景信息。一些对记忆统一和学习的研究证明，梦见做、看和感这几种行为并不是与实际做、看和感相同——神经网组成了我们的实验世界，从这个角度来看是相同的。

认为梦中的经历是虚幻的，只有在清醒状态下发生的事情才是真实的这种想法是不对的。拉博格解释道："做梦可以被看作一种特殊的感知，它不受外部感觉信息的干扰。反过来，清醒时的感知可以被看作一种特殊的梦，而它却受到感觉信息的抑制。无论你用什么方式去理解，理解梦境就是了解意识的核心。"

拉博格和其他的研究者都建议我们不应该把意识形态的定义只是限定在"清醒"和"睡着"。在过去的20年里，有关梦的各种研究都表明，我们的思维状态时时刻刻都依靠大脑潜在的生理状况。快速眼动期睡眠中的意识形态可以产生清晰的梦，而影响神经系统的化学物质复合胺和去甲肾上腺素以及大脑中流动的乙酰胆碱,伴随着来自外界感觉信号的消失,它们含量的突降突升都会控制意识形态的特性。如果激活位于前额皮质引导注意力的区域,也许会得到额外的成分来产生明晰梦。某些影响神经系统的化学物质转变也可能会改变梦的形式。

尽管快速眼动期睡眠会提供使意识发生转变的最具戏剧性的方式,但是,这只是众多方法中的一种。根据哈佛大学神经学家罗伯特·史帝克古尔德的理论,当你在读报纸时,突然意识到你已在故事情节中,却不知道你读的是什么,这很有可能是你的去甲肾上腺素和复合胺含量下降而乙酰胆碱含量突升造成的,从而使你溜号或渐渐进入梦境。他说:最后将不会有正常状态。清醒时反而没有睡眠时正常;让自己溜号也不比直线、呆板的思维差到哪去;保持平静、冷淡以及镇静也不会比富有热情正常到哪去。我们要随环境而改变,我们的机体也必须为迎接这些挑战做准备。

第十章

意识与超越

在已知的万物中,大脑是最复杂的系统。

——克里斯多夫·科赫

在加州技术学院(加利福尼亚理工学院)的走廊里,克里斯多夫·科赫(Christof Koch)从一个房间走到另一个房间,他跳了起来,并用手指尖将自己悬挂在门框的顶部,然后再从底下过去。这是他本能的反应,因为攀爬是他平时最大的乐趣——认真地攀爬。在科赫网站主页上一个新奇的照片里,刻画了他最喜欢的由物理学家转变为神经学家所做的事情:在约塞米蒂国家公园山谷间长达2 800英尺(853.14米)的绳子上,他像蜘蛛一样悬挂在上面。然而,科赫并没有爬行,因为他遇到了令他畏惧的智力挑战。20世纪80年代以来,科赫就与诺贝尔奖获得者弗朗西斯·克里克一同做研究来确定让我们产生意识的脑细胞的确切位置。

科赫想要解开意识的奥秘并热爱攀爬陡峭的岩石,他的这种动力比别人所想象的更加坚定。作为对这项运动坚定不移热爱的解释,科赫把冒险作家乔恩·卡拉克尔所描写的经历比作"可以看清楚的梦"。科赫做了详细阐述:"攀登几乎是思维和身体完美的结合,并达到最大限度的作用效果。当我在攀爬时,我觉得充满了活力,我是完全清醒的。"他说话时语速很快,表达着自己的想法,好像对时间感到渴望,因为想要做完每一件事,而生命则显得太短暂了,而攀爬就是一个很有效的方法。"我在努力探究我来自哪里,我将去哪里,以及我正在做什么,"他说,"我还想知道是什么让我们有了意识。"

科赫认为梦中意识的困惑有它迷人的一面。"对我来说,真正的做梦就是看到并感觉到一切的真实性。"他说,"我曾读过一些东西,将梦描述得淋漓尽

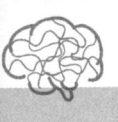

致：'梦在进行时，它们是真实的。我们能够讲出更多有关生命的东西吗？'"他还与那些认为梦只是一种现象，且没有任何生物作用的人进行了辩论。与那些人的理论相反，科赫认为，梦经历了多阶段的发展，它决定着遗传的方向。尽管根本的目的已被了解，但是科赫对梦在记忆统一所产生的重要性研究尤为感兴趣。他解释道："我们知道在出生前我们就做梦，动物也做梦，只是它们所产生梦的脑部机制与我们的不同。"他还说："梦好像在大脑中有着重要的作用，它是意识的一种特殊形式。"

科赫在麻省理工学院的人工智能实验室做博士后期间，就开始与弗朗西斯·克里克进行研究，探索意识为我们带来什么。在实验室的研究中，他与西蒙·尤尔曼（Shimon Ullman）共同完成了一篇论文，现在，西蒙·尤尔曼是以色列特拉维夫市区外维兹曼科学研究所的一位教授，他正在研究注意力的认知结构：大脑在任何时间里接收众多相抵触的信号时，是怎样做出选择并且将注意力集中在其中一个信号上的。例如，你在交通高峰时间开着车，并开着收音机，你怎样将你的注意力放在车中乘客所说的话上？你如何感到蚊子叮你后的瘙痒？以及如何注意到夹杂着电闪雷鸣的暴风雨的来临？这篇论文于1984年发表后，克里克感到很钦佩，所以他就邀请科赫和尤尔曼到索尔克研究所做客一周，也就是在那个研究所，克里克正努力做着研究，了解我们是如何引导自己的注意力的。他最终的目的是揭开意识的谜团，并希望像发现 DNA 的奥秘那样再次取得成功。这两位科学家有着很重要的共同点：聪明敏锐的智慧，并对智慧探求充满热情。科赫已经成了克里克家的一位常客，尤其是1986年从麻省理工学院搬到位于加州理工学院属于他自己的实验室后，这两位科学家开始共同进行研究，并于1989年共同发表了第一篇有关意识生物学起源的论文。从那时起，科赫每个月都特地赶到 La Jolla 与克里克在一起工作两三天，还几乎每天都通过电子邮件来探讨他们的研究。

科赫在30多岁时对意识特征的好奇心又到了一个阶段，当时正赶上他患牙病躺在床上。他完全知道牙痛是由电活动触动大脑的神经造成的，尽管如此，他还是感到好奇，为什么电活动能够让他感到疼痛，而其他类型的脑部电活动却使他感到有压力或有种洋葱的味道，甚至听到小提琴声。"计算机安装程序后可以解决各种计算问题而不感到疼痛。大脑中的某种物质产生主观感觉，我想，我们会发现一组特殊的神经元，该神经元拥有一些基本特性，从某种程度上讲，它们在动物的发展时期产生主观感觉。"科赫说。因为大脑的结构十分复杂，所以人类对感觉达到更深的意识了解也就越少，这包括人类解决问题的成功和失败概率，这都是科赫和克里克想要知道的。人类的大脑似乎有种独特的力量来利用计算能力调节自身的运转规律。

这项由克里克于1994年提出的对意识特性的"惊人假设"如今已被科学界接受。克里克收集了许多有力的证据来支持他的理论——"你的快乐与悲伤，记忆与抱负，个人身份与自由意愿的感觉，这些其实只不过是大量聚集的神经细胞的活动。"然而，许多认知神经学家认为，意识从整个大脑神经细胞的集体活动中产生，并发挥着成千上万神经元共同活动的功能。而科赫与克里克则认为它还可以被更精确地缩小范围。他们相信，奥秘就存在于一组更小神经元的分散活动中。科赫说："在分子和个体细胞标准上的进化产生了惊人的特性，克里克和我都认为这也是意识的状态。我们正在探索能够产生意识的神经元独特的特性而不是对这个脑部的集体活动作假设。"

他们把自己所研究的与意识有关联的神经元（NCC）叫作最小神经元，这些神经元甚至还可以最终产生特殊的意识感知。他们将一些有质疑的问题搁置一旁，给我们一种自由发挥的感觉，并从意识最基本的标准开始寻找答案：哪种神经元让我们主观感觉到痛苦或快乐？是看到黄颜色或听到茶壶的嘘声？这个问题不是很简单，每个神经元的每个分子都遵守遗传结构的指令，并在任何情况下都受到各种神经系统的化学物质的影响。如果你认为一系列的活动一直都是由一个单一神经元中成千上万的分子产生，并同时配合以成千上万相关神经组成的一个神经网，那么所有这些都包含在人类的一个大脑中，归到一起为1 000亿个神经元。这样，我们也就明白了为什么科赫称大脑为"已知万物中最复杂的系统。"对于这些有待解决的问题，他感到很兴奋："对于神经元来说，一个红色闪光灯，一个C大调以及无聊的牙痛，它们之间会有共同点吗？还有，神经元产生的梦境以及无法与清醒状态分离的感觉又是怎样？"

科赫与克里克在所能控制的清醒意识状态下对神经元进行研究，这也是他们该阶段获得信息的最佳途径。他们大部分的数据都来自在动物如老鼠和猴子身上实施的神经科学实验，这是因为电极可以植入它们的大脑，记录个体神

经元的激活模式——这样做多少有些不道德。但是，近期的实验表示，这种实验在人类身上实施成功的概率确实很小，而且这些结果也正如科赫所说的那样显示了大脑组织的特殊性。神经外科医生伊扎德·弗里德在洛杉矶加州大学（UCLA）工作，他允许科赫实验室的研究员加百利·克雷曼对癫痫患者植入电极进行实验，这样做有助于确定患者发作的起因，也同时遵循了治疗规则。

科赫认为，当大脑的大部分在梦中和在记忆回想中处于高度激活状态，如果此时记录单一的激活神经元，那么就会发现少量的个体神经元处于激活状态来适应完全不同且熟悉的个性。在一个实验中，患者看了50个他认识与不认识人的画面，同时还有其他类型的画面如汽车或动物。然而，活动的神经元只是反映出了3组画面：一组素描，一幅美国前总统比尔·克林顿的肖像以及一组患者自己出现过的场景。当实验对象被要求闭上眼睛并且只是想象克林顿的画面时，相同的神经元再次被激活。科赫做出了假设，如果实验对象梦到前总统，相同的神经元还是可以被激活，但是，他还没有可靠的方法来检验这个假设的真实性，因为他无法控制梦境。然而，他的假设得到了一个事实的肯定——对克林顿画面做出反应的激活神经元，在被称作中间暂时凸起的边缘系统中被找到。中间暂时凸起是一个已被脑部影像实验证明的区域，做梦时处于高度激活状态。克林顿没有什么神奇的，当然——科赫与他的同事发现，一些相同的神经特化器官在对实验对象的测试中也可对熟悉的人或一般事物起作用：特殊的神经元只是对一杯咖啡或是一张家庭成员的脸产生反应，而那些相同的神经元在大脑回想起杯子或成员时再次被激活，但是对于现实的事物，激活的概率要比记忆的形式更高。科赫说："这有助于对梦中的画面进行解释，因为它可以让我们知道我们不需要任何来自视网膜的信息或初级视觉情境而产生视觉感知。"

科赫表示，其实明确视觉感知在清醒状态和梦中是怎样起作用的，也许是了解意识以及它的由来的最佳方法。"我们都是看得见的生物，"科赫说，"大脑的1/3停止了想象，而我们有各种各样可以被研究的视觉体验，这包括做梦。"就现实而言，视觉感知也可以作为调查的一种模式，这是因为我们对生理学有关感知形式的基本认识要比其他形式更多，而且对动物视觉路径的研究也相对容易，这个模式可以增大可实施研究的功能。一些实验可以通过一个电脑监控器控制实验对象（动物和人类都可以），看到画面并记录下他们大脑是如何做出反应的。克里克和科赫大部分的理论都来自对短尾猿的研究，因为它们的视觉系统与人类相似。

科赫在他的麦金托什机屏幕上向我演示了"由动作诱发的失明"，这种视觉幻觉起源于以色列的维兹曼，对猴子和人类都适用，并展示了可控制的视觉感知是如何提供有关意识的神经组织的。而黑屏幕则显示了一团移动并带着蓝色斑点涡旋的云朵，同时还伴随着3个清晰可见的黄色飞碟。

科赫让我将注意力放在屏幕上眼睛一动不动，我照着做了。1个、2个或3个黄色的飞碟奇妙地消失了，也许看起来是那样。这几个飞碟本身决不会移动，但是蓝色的背景产生了一种强烈的感性信号，并在与黄色斑点的比较中显得突出。

我的大脑只是注意到了背景上，却忽略了黄色斑点。所有的变化表明：我有时注意到了它们，而有时又没有看到它们。"当你看到黄色斑点时，一列神经元就会被激活；反之则不被激活。那些被激活的都是与意识有关的神经元。"科赫说。

看到我的大脑是那么令人难以置信，我感到很入迷，但也感到有点不舒服。然而，了解视觉感知的真实效用就意味着接受这样一个事实：无论在清醒时还是在梦中，我们确实要用大脑去观察，而不是用眼睛，此外，幻觉也是这一过程必不可少的一部分。其实，如果我们的想象空间完全由眼部信息映入大脑，那么，这个空间事实上看起来很奇怪。对于初次实验的人来说，我们将眼睛平均每秒移动3次。如果用这种急促的方式观察一个由照相机拍摄的镜头，我们很快就会感到恶心。如果利用大脑自身自动跟踪模式的特点，它就会自动调整我们的影像，产生稳定的幻觉。

掌控在我们意识感知以外的范围更大，然而，视网膜——一种在眼睛后部的薄片神经元——对于光子来说，可作为"进化的卫星飞碟"，它们可以轰炸眼睛的能量粒子，还可以激活电信号在行为中建立视觉影像，托马斯·B.泽奈做了以上解释，他是圣弗朗西斯科加州大学的眼科教授，著有《是什么激发了你》一书，该书真实地概述了近年来神经科学领域的研究。但是，视网膜传送的电信号并不是由它本身产生，也不是从窗外看到的清晰画面。泽奈认为，对于眼睛来说，空间是感觉不到的，而对于带有分散光点的二维空间混成画面来说，倘若距离点彩派画家的作品太近，画面就会与你看到的相同，如乔治·修拉的作品。

要想将事物看得更细致，在你看到整体前就应该有 1/20 的时间滞留。"你虽然不会看到所有映入视网膜的光点，却能够看到令大脑感兴趣并且认为重要的事物，"泽奈说，"尽管你周围丰富多彩的视觉画面似乎'不存在'甚至与你分离，但这种富有色彩的创造全部由你的大脑所装饰出来。"

大脑选择足够重要的信息所产生的画面一部分是根据 DNA 的破译获得的——一只蝙蝠的大脑所产生的视觉画面同人类大脑汇集相同的原视觉数据所产生的有很大差异。即使是两个人看到街上相同的事物，每个人大脑的视觉画面也会有所不同。例如，大约 60% 的男性都具有长波红色感光因子（基本的色彩积木），因此，他们看见红玫瑰的颜色深浅与其他 40% 男性看到相同花的颜色完全不同。当然，这两个男性看到的同样影像也会使我们注意到它不同的几方面，根据他们个人的经历，视觉是怎样集中注意力的也会影响"看到的"事物。

这幅叫作"旋转桌子"的图画证明了视觉感知通常还存在许多欺骗性。与你第一眼看到的不同，在这个平面图中，这两个桌子的顶部大小和形状其实是相同的，该视觉效果是罗格·N.谢波德所产生的众多幻觉之一。这幅画的版权属于谢波德，并出现在他写的《思维的眼界》一书中（W. H. 弗里曼，1990）。

图 10-1

"我们的感知系统可以利用视网膜所获得的信息在三维空间确定目标的位置,该系统在我们的神经系统中已被深深地确立,并且完全自动地运转。"罗格·谢泼德作了以上解释,他是斯坦福大学的退休教授,在科研事业上获得荣誉,包括在理解视觉感知是如何发挥作用方面有许多重要突破。他说:"不用我们发出命令甚至没有注意到它的存在,这种系统也会马上接受视觉信息,包括由一个二维图画所产生的视觉信息。结果,我们无法选择去观察一幅不过如此的图画——一个二维平面上带有线条的图案。"从遗传学上讲,我们的大脑系统将那种线条图案变成了一个三维画面,所以我们对自己无法看到的其他面也不必感到惊讶。谢泼德还表示:"我们从个体获得了这个系统,很久以前就出现了图画制作,我们利用这个系统的功效进行解译——他们拥有足够的功效来存活及繁衍后代,了解三维空间里发生了什么。"

清醒时就像在梦中一样,大脑塑造人们最终看到的画面也会受到独特个体经历的影响。正如塔夫茨大学的神经哲学家丹尼尔·丹尼特在他《明了的意识》一书中所写到的一样,"幻象无法由一个自下而上且带有数据驱动的过程所解释,而是需要一些期望"。那些期望一部分产生在具体的记忆和预测中,这些记忆和预测是从童年至今的经历中慢慢形成的。

在我们清醒时,由视网膜产生的代表电活动的断断续续斑点被投射到位于大脑某个区域的一个中继站上,该中继站叫作丘脑。丘脑依次将斑点映射到初级视觉皮质上,然后它便将这些信号传到各种神经系统中来执行专门的任务,如面部识别或处理色彩及指导动作。最后,所有的信息流入视觉系统的最高级,该级叫作联想皮质,它可以储存记忆,指引大部分抽象的视觉处理过程,还能汇集我们最终看到的画面。不过,在梦中,由于视网膜和初级视觉皮质的关闭,富含记忆的联想皮质事实上成了始发点,在梦中产生视觉影像。

"视觉影像很大程度上由我们对那些事物应该是什么样的想法和感觉产生,"根据泽奈的理论,"眼睛提供了亮暗信息,但是它不能对意义或感知起作用。在清醒和睡梦中,那些成分由联想皮质提供——很大程度上梦中要比清醒时有效果——还有边缘系统的参与,它可以在情感上控制可控记忆。"

泽奈对这一点解释说,瞥见绿色叶子中的蓝色闪光将会激活一组先前已经激活并且散开了的神经元,从而适应在相似场景中的鸟、气球或风筝等景物。

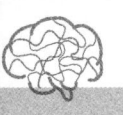

视网膜一旦对现有的必要细节发出信号,被激活的神经系统就会变得更精确,最终会产生一只颜色鲜明的蓝色鸟。同组神经元也可以迟一些被激活来重新构成记忆或对梦进行修饰。

简言之,视网膜将这些大量的断点进行映射来表现"不存在",而这些毋庸置疑地反映了客观世界的一个具体事实。不过,在人们大脑中所产生的真实视觉画面与梦中画面产生的方式相同——记忆在形成这两种画面时起了至关重要的作用。人们真实的视觉感要依赖于记忆中储存的信息。一个戏剧性的例子可以在一个新颖的动物实验中找到。在实验中,从一群猫出生的早期就不让它们看见任何水平线,因为水平线对它们大脑的视觉皮质发育至关重要。而由于水平线没有在大脑的心理模式中留下烙印,所以当后来在它们的路前横放着一个水平的棒子时,这些猫会走向前撞上它,仿佛视棒子不存在。从事实上讲,凭借以前所发生的事,我们可以看到所期望的事物。

视觉感知的另一个重要特征就是与其他大部分脑部活动一样,它大量依靠外部意识感知。因此,我们或是凭借回忆或是通过明晰梦所了解的事实只是梦中的一小部分,而这些事实并没有减少它们在我们生活中的价值和重要性,尤其是在你认为可能有不到5%的心理活动是由意识产生的。根据达特茅斯神经学家麦克·加扎尼加的观点,98%的脑部活动不属于意识感知,于1999年发表的有关该问题的科学论证表明,我们95%的行为不受意识控制。科赫用"还魂媒介"来命名神经系统的这种优势,该优势可以不受意识感知的影响或控制来指导我们的行为。"我很难解释我对父母做了什么,因为从他们的角度来看,想象没有什么复杂的——你只是睁开眼睛看就是了,"科赫说,"现在,如果你和别人说你在设计一个下象棋的电脑程序,这听起来确实是个挑战,不过我们认为幻想是容易的,因为我们只是看到了输出信息。大部分可以行动、说话以及观察的人都不会看到或不了解深奥微妙的还魂媒介。"科赫指出,任何在宇宙飞船里工作的人都知道做出看似简单的动作是多么难。他还说,"当我伸手去拿一个杯子时,我不知道是怎样做的,我只知道我的手可以悬在我正在攀爬的岩石上,或是捡起一个鸡蛋或一根羽毛"。

大脑在清醒时胡乱修补我们其他方面的意识感知,又在事情发生时产生幻觉,对于这些我们很清楚。认知神经学家本杰明·利贝特于20世纪60年代和

70年代进行的一系列实验表明，为了让任何感觉进入我们的意识，首先要在大脑中心适当地接受处理，该过程大约需要半秒。倘若有人碰了你的手，在你有感觉之前会有一段滞留的时间，但你却没有意识到。就在别人的手指碰到你手的同时，大脑会自动更正处理所需的时间，从而让你有同时发生的感觉。利贝特记录下来的脑电波显示，你在350毫秒之前就决定抬起你的手，而你的大脑也已经向你的肌肉发出了信号来启动该处理过程。之后你才会得到信息，开始活动。

未感到时间的滞留和所有滞后的感觉对我们机体的运作没有任何消极的影响。无论是清醒还是在做梦，意识为什么会全然地出现？"这也许是因为意识可以让机体做出下一个行为，开启无数潜在的行为指令并储存了清晰记忆的原因，"科赫说，"意识可以包括在毫秒层内的同步激活神经元，而在我们有主观意念的脑部，无关联的激活不发出嗡嗡声就可以影响行为。"

哈佛大学梦的研究者艾伦·霍布森认为，科赫提出的视觉感知对于理解意识特征是一个不错的理念，因为它提供了清晰的证据，即任何思维状态只是生理学反应的一个过程：神经活动。在霍布森看来，这需要认知学家解决身心上的问题，他们需要解释每时每刻你是如何意识到自己在世界上存在的。身心问题的中心是大脑是如何成为一个思维和感觉组织的——毕竟，没有什么组织比大脑更复杂了。霍布森说，"在你明白视觉世界不过是神经用来表现画面激活模式的一个序列时，棒球赛结束了"。

我们的意识感觉还包括一个以神经网为模式的精细内部绘画过程。大脑能够通过绘制表现机体和客观世界的内部地图去"看"，而我们自身在这个世界里运行，例如我们自身机体的意识与能够使我们运动的肌肉与骨骼系统是分不开的。这种肌肉和骨骼系统在能够指导身体运动的脑皮质区域中以一个地图的形式表现出来。甚至在我们没有使用肌肉时，这个早早烙印在我们生命中的地图始终发挥着作用，这种理论在对演员克里斯多弗·里维一个出乎意料的测试中得到了证明，里维在1995年从马背上掉下来摔到肩膀的事故中几乎全身瘫痪。尽管那次跌落损坏了里维依靠大脑与身体其他部位传递信号的神经束的大部分，但是他在医师的逐步物理治疗下有望再次行走，令人吃惊的是，他的大脑还可以接受来自身体瘫痪部位的信号。

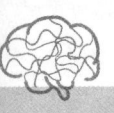

梦是如何思维的

里维的事故已经过去 7 年了，工作在圣路易斯华盛顿大学医学院的医生们利用磁共振影像（MRI）来测试里维的脑部活动模式，从而对触摸和行动做出反应。他们让里维跟随着一个网球视频画面并用他的舌头或左食指来指出网球运动的方向，测试中，里维做了有限的控制运动。在里维跟随网球运动时，磁共振的影像检测出了大脑的活动部位。马卢齐奥·科贝塔（Maruizio Corbetta）是参与里维测试的其中一位医生，他解释道："在大脑中描绘出了一个你身体的图画，大脑不同的部位操控身体的不同部位。"在里维的实例中，身体图画显示，通常控制手部运动的大脑的一些区域在某种程度上被一些控制面部活动的区域所掌控，但是总的来说，里维的测试结果可以与一个接受了同样测试的 23 岁健康人的结果进行比较。

另一个体现内部图画重要性的事例体现在一个名叫提托·姆科帕迪阿的特殊男子身上，他患有严重的孤独症，所以无法说话，但可以用装有语音合成器的膝上型计算机进行交谈。提托发音非常清晰，并为他的孤独症开启了一个交流的窗口，神经学家们利用影像来研究观察他大脑的活动，他们发现提托缺少内部图画。一般孩子在他们的早年，大脑有关触觉和运动的一些区域会产生内部图画。提托写道："在我 4 岁或 5 岁时，我很难感觉到我的身体，除非当我感到饥饿或站在淋浴器下身体被淋湿时，我才有感觉。"他还解释道，像许多孤独症患者一样，他的手转动并拍打着，这是因为他需要不断运动来感觉身体的存在。工作在圣地亚哥加利福尼亚大学的研究者们通过其他的影像研究发现，很多孤独症患者都有混乱的脑地图，还有一些面对镜子认不出自己，这样就很难建立另一些类型的社会心理形态来统一如视觉、声音、触觉以及味觉的感知。

艾伦·霍布森认为，在形成这些重要的身体内部图画以及掌控我们的环境时，做梦起到了至关重要的作用。为了达到有效性，大脑中所体现的事物必须非常忠实地与外部事实相匹配。霍布森说："大脑会尽量产生环境的一个副本，该副本应用于作比较的任务中，这样，在每次瞬间的视觉体验中你不需要重新确定环境就可以预知你将看到的东西。"他还提示，我们在母体中所经历的大量快速眼动期睡眠以及婴儿期都属于图画形成期。随着我们的成熟，这种形态在更加复杂的形式中一定要得到更新和精心对待，不过这种改变发生在夜里，并处于停滞状态。他还表示:"我认为一切都会在梦中到来。这种在大脑中对环境所产生的幻觉能使你梦见一个虚幻的事实,并在清醒的全部时间里得到应用,但你却没有感觉到它的存在。大脑在夜里只提取一点白天的经历,并将零碎的印象与记忆中的其他经历结合在一起,你并不知道它的关联性,梦就此产生了。"

每天夜里,梦都会帮助我们更新神经网并精炼出环境的内部图画,这样有助于指导我们的行为。霍布森在他的《做梦》一书中写道:"清醒和做梦是彼此镜中的反像,在我们的生活中,它们相互影响首先产生意识,并向它提供信息来让我们适应外界的生活。"猫、猴子以及鸟类似乎可以像我们那样使停滞的神经系统在每晚变得完美。考虑到我们偶尔的详细梦境,大脑的线路系统有很明显的差异,这体现了意识的一个层面超越了简单的主观感觉意识,后者是我们与动物界所共有的。通过镜子的实验证实了海豚、黑猩猩以及大猩猩可能会认出它们自己,所以它们有一些基本的自我意识视觉感。但这种能力可以形成抽象的概念,创造语言,思考问题以及考虑和计划将来的体验而不是单单地生存,这就使人类与它们分离开来。为这种扩张的意识形态给神经定位是长期的探索,就像克里斯多夫·科赫等一些神经学家们所进行的想象一样。然而目标还不是很明确,他说在单一类型的脑细胞中至少已经有了特殊形式的线索。

"如果给你人类和猩猩大脑的各一小块,那么很少有人能将它们区分开,因为它们几乎相同,"科赫说,"然而,对于脑部硬件部分来说,它们基本上没有什么差异。近来,在人类的大脑中发现了一种特殊的细胞叫纺锤细胞,但是在其他有人类特点的动物如黑猩猩脑中,这种细胞的密度却很低。因此,这也许是一种新的进化。"虽然纺锤细胞于1925年被研究者首次发现,但前不久才明确它们对于人类和猿是独一无二的。纺锤细胞可以专门在前部色节脑回中被找到——弗朗西斯·克里克所猜想的脑部区域,这就是我们自由意愿的所在之处。当然,对脑部影像的研究表明,在快速眼动期睡眠做梦的高峰期中,这个区域要比其他脑部区域更加活跃。童年梦的研究者大卫·福克斯对这些发现的意义得出了新的结论:"因为我们有意识,所以要做梦。"

后 记

前期为了写这本书而采访神经学家，我在马萨诸塞州精神康复中心的神经生理学实验室里与罗伯特·史帝克古尔德讨论了有关梦的研究。他解释道，对于做梦的功效，研究者们持有不同的看法——这是在他们都承认做梦起作用的前提下，每个研究者都在追寻不同类型的研究。那些进行心理学研究的人认为夜间的梦确实可以调节情感，而那些研究记忆统一的研究者们却不赞同，相反，他们强调学习的重要性，其他的则认为快速眼动期睡眠对调节体温以及另一些生理功能是必不可少的，而梦本身却没有意义。他所说的让我想起最近给儿子讲的一个名叫"瞎子和大象"的寓言，当我做出这个回答时，史帝克古尔德开始不是很赞同，但后来他突然顽皮地笑了。他说："对，就像那样。"

这个寓言有中国、印度和非洲的不同版本，每个都有各自的变化，但是都有同一个中心：几个盲人第一次遇到大象，只有通过触摸来猜它是什么。第一个摸的是腿，说它是像树一样的东西，下一个摸的是象牙，说它是一支矛，而另一个摸的是象鼻，说他们遇到的是一条蛇。当然，对于他们摸的每个部位都有道理，不过，只有看到动物的整体才能认识到事实。

虽然许多有关梦的功效和作用仍需做出确切的回答，但是科学家日益积聚的研究使我们退一步来仔细观察大象的全部。在母体和婴儿期，动物产生的快速眼动期睡眠可以作为一种离线的手段，将大脑和遗传并破解的信息联系在一起，这是一个很可观的例证。在由白天经历所产生的生存信息的处理以及将快速眼动期睡眠与大脑内部模式相结合来指导今后的行为上，快速眼动期睡眠也可以作为一种方法。老鼠在睡眠时大脑重新播放白天恍惚的工作，对于这种现象的研究表明，这种生物功能在动物中仍然起作用。

随着人类大脑的进化——学习语言和人类情感主观意识的能力，梦具有多方面因素，这些因素反映了我们自身意识增长的复杂性。近来，对于研究学习

后　记

和记忆得到的有力证据表明，具有动物做梦特征的记忆统一也是人类思维在夜里运行的重要组成部分。追溯我们在认知领域的发展，复杂的附加层面让人类的梦变得独特。这种方法得到了童梦纵向研究的证明，这就表明人类做梦的形式是逐步形成的。神经迂回会变得成熟并愈加复杂，人类做的梦最终是可以叙述的，梦者作为犹如在真实生活中的关键人物，我们的大脑会从最近和长期的记忆中提取信息，并在每晚重新塑造它。

因为我们在经历大部分内容丰富的梦时，大脑高度受控区域是边缘系统——产生情感行为和记忆的中心，这种大脑优先选择用来叙述的与梦中相结合的记忆往往受情感的控制。在人类的梦中，消极情感的优势很可能来自遗传系统的做梦成分，该成分人类与动物共有——系统的打或飞生存行为的心理演练。不过，我们主观的情感意识也会使人类在心理上更复杂。因此，做梦对于处理情感有着深远的意义，也确实影响着我们清醒时的心情。情感上的记忆与我们的自我意识息息相关。

几十年生理临床调查的研究表明，做梦的自然周期有助于克服我们在生活中遇到的情绪紊乱。一旦周期发生偏差，我们也会遇到麻烦，处于压抑或混乱状态，如外伤后的压力混乱。这些发现得到了脑部影像研究的支持，它们显示出抑郁症患者的大脑在梦中和清醒时的激活周期与正常人相反。

简言之，富含梦的快速眼动期睡眠作用对于每个个体都发生着变化。当我们在母体期间，巨大的神经线路网在脑中建立，睡梦阶段也很明显促进了这个阶段并协助产生了遗传功能。随着我们的成熟，对于脑部在夜里重新组织的过程，做梦的确是必不可少的，同时它还接收对我们身体和生理健康都很重要的信息。虽然梦的回忆培养有时可以提示当前我们处于哪种情感问题，但是我们也很明白，无论我们是否记住梦，梦的作用就像我们清醒时必要的心理活动，在我们意识感知以外得到有效的实现。似乎是天生的特性，我们通常不会记住自己的梦，因此多数人只是回想起他们梦的一小部分，但这个事实仍不会削减做梦的重要性。

不过，为了增强我们对梦的回忆，超越我们对意识的控制来运用心理活动的一部分，这样既有趣也很有用。拥有捕捉一个梦或记忆其中某一部分的能力可以产生创造性的突破或心理上的领悟，但是我们也必须知道我们所做的一些

梦可能会比较世俗化或变幻莫测。其实，斯蒂芬·拉博格在他的《明晰做梦》一书中把梦比作诗："如果你每晚都写 12 首诗，那么在这成千上万首诗中你会发现什么？全都是杰作？这不可能。或者全是垃圾？这也不太可能。你所期盼的都是一堆琐碎的打油诗，也会有几首杰作，不过会很少。我认为这与你的梦相同。"

毫无疑问，从清醒到入睡，再到梦境，这几个转变为一个奇妙的自然实验室提供了检验有关意识形态的问题。转变发生时，比较成熟的大脑影像技术使我们看到与思维状态相应的生理变化成为可能。新的基因显示技术也有助于我们了解大脑在分子层面发生了什么，在睡眠时，也提供了有关大脑是如何进行组织的详细信息，还有我们为什么要睡觉。

很不幸，美国在过去的几十年里，梦的研究要比加拿大及欧洲等其他国家困难得多，最近这些年，许多创新梦的研究在那些国家发展起来。而在美国，此项研究来源于联邦政府，在 20 世纪 80 年代至 90 年代，那些控制着政府资金的人越来越多地将注意力转移到如嗜睡发作等睡眠紊乱上，而不是做梦。

威廉·德蒙特从梦的研究领域转为研究睡眠。梦的研究和基本的睡眠研究在这个国家都长期缺少足够的资金。"我在工作中发现，科学开始更加的政治化，"德蒙特说，"我想，许多立法者从来都没听说过快速眼动期睡眠，甚至不知道它表示什么。睡眠占了我们生命的 1/3，这 1/3 的质量完全决定了另 2/3 的质量——了解睡眠还不是国家的法律。想一下，我们用 1/3 的生命来睡觉和做梦，而我们却不知道为什么。"

然而，这种不幸的事也许正在改变，部分原因是因为脑部影像和其他科技进步开启了科学探索的新途径。在 2003 年《纽约时报》的一篇文章中，宾夕法尼亚州大学的睡眠研究专家戴维·狄吉斯说道"睡眠研究的黄金时期"正在来临，这要感谢神经科学和睡眠医学的进步。他说："从科学的角度来看，这个领域发展得非常快，研究者甚至没有时间去写书。"梦境分析专家比尔·多姆霍夫说他对未来梦的研究已经不是很乐观，因为它的全盛时期是在 20 世纪 60 年代，他认为未来神经认知的研究将检验现在的理论并扩展对睡梦中大脑的了解。他表示："这样，深夜大脑中的电影可以和一些有用的理论结合在一起，对人类思维的全部层面进行解释。"

然而，与睡眠本身相反，梦的研究是否还会有更大的进步仍需等待。最大的发现来自联邦健康局，而且政府官员对于从睡眠紊乱的临床研究中获得的发现要比提供记忆且仅限于梦的研究更加感兴趣。哈佛大学的精神病学讲师爱德华·佩斯·斯科特是艾伦·霍布森神经生理学实验室研究组的一员，他说："如果你把所做的研究叫作梦，那么你最好别这么想。"佩斯·斯科特最近进行的研究表明，服用抗抑郁症药物即复合胺重吸收抑制剂（含有一些日常处方药）的人，他们的梦增多了，这些药物甚至会通过提高血液复合胺的浓度来抑制快速眼动期睡眠。我们还需要更多的研究来解释发生这种现象的原因。"对于像这样证明一种临床症状，当局最为感兴趣，而对梦的研究则放在次要地位，"佩斯·斯科特表示，"不过睡眠研究的复苏会带着梦共同进步，对于这一点，我们充满希望，因为罗伯特·史帝克古尔德的特特里斯研究证明了在认知神经学领域的研究，梦发挥着巨大的作用。"

　　与此同时，研究睡眠紊乱仍然是很火热的话题，一旦神经学的缺陷违背了正常的睡梦进程，通过仔细地检查，该研究就可以提供有关做梦的重要信息。例如，鲁斯琳娜·卡特莱特通过分析患有叫作觉醒紊乱的超睡眠状态人群，对做梦在情感处理上的作用做了补充。最近几年，作为顾问她经常为患有这种症状的人进行检查。在快速眼动期睡眠中，低程度睡眠进入梦境的过程很流畅，与此不同，超睡眠使睡眠者在熟睡中起床并从事一些活动，从强制性吃东西到暴力行为，还包括杀人——患者醒来后都不会记得做过什么，从而首次做梦被中断了。从本质上说，这是一种比较良性的梦游症的延伸，而且孩子和少年经常会患上。卡特莱特说："如我们一部分人一样，超睡眠的人带着白天遗留的情感进入睡眠，这并不是凭空想象出来的。进入快速眼动期睡眠以前，他们在前半夜的深睡中起来，进行着白天未完成的行为。"

　　卡特莱特说，既然这种睡眠紊乱发生在家庭，那么它就有可能由遗传缺陷所导致。2000年英国医学杂志《柳叶刀》报道了一个实验，当一个超睡眠者在大脑影像实验室接受扫描时，他脑海中竟然充满着起来的行为。脑影像结果表明，与熟睡且正常的实验对象相比，超睡眠者位于后色带环绕皮质和脑前部的血流速度增加了25%（与场景信息和运动有关的脑部区域），而额顶骨的联想皮质中血流减少了，这表明实验对象一定还是熟睡的。卡特莱特还表示，这些脑部激活的方式与人们的来回运动保持一致，严格意义上讲，此时的大脑是熟睡的，而这些也说明了梦者缺少对情节的记忆。

卡特莱特检查的两个超睡眠者被指控在奇怪的情形下谋杀，而调查案件后，她推断出两人的行为是合法的。她说："我对是与非了解很多，但是在我判断，这是真的。"在这两个案件中，他们在入睡后醒来，同时怀着按照他们罗列出来"去做"的想法，这样当他们在熟睡中醒来时，他们就会照着去做。一旦在梦游时被别人惊动，他们就会自由运动起来，由原始的本能所指引，从而凶狠地袭击接近他们的人。在第一个案例中，1987年5月的一个夜晚，居住在多伦多的肯尼思·帕克躺在沙发上睡着了，在熟睡中醒来，跑了15米来到岳母的房子，而这正是他第二天要拜访的。帕克在深夜进了房子，用刀子将岳母刺死，当岳母听见有令人害怕的闯入者时，她挣扎着反抗。没有明确的动机——帕克受岳母的喜欢，还有现在孤独的岳父，岳父还为他保释。由于帕克因睡眠紊乱而不必负责任，所以他的律师为他辩护成功。"当宣布肯尼思无罪时，他说因为他不知道是否还会那样做而不敢回家。如果不用药物治疗，这是合理的。"卡特莱特说。

另一个案例是亚利桑那州一个名叫斯科特·法拉特的电机工程师，他也是在类似的情况下杀死了自己的妻子。法拉特睡在自己的房间，当大部分的脑部处于微波睡眠时他起了床，来到外面完成先前修理水池过滤系统的工作。他的妻子很自然地来到外面看他为什么起来，而当警察赶来时，他的妻子已被刺40多刀浮在水池里。"斯科特被判了刑，而且没有被保释，他告诉我说他始终有个念头，就是他不知道是他杀了妻子还是妻子自己做的。"卡特莱特说。

仔细分析这些案例后，卡特莱特认为我们可以了解在这种处于清醒与睡眠之间奇怪的状态下是什么在发挥或者没有发挥作用。"伴有觉醒紊乱的超睡眠者能够行动，"她说，"但是他们没有对面部的视觉识别，听不到尖叫，也感觉不到自己的疼痛。"肯尼思·帕克的双手在与岳母打斗的过程中严重刺伤，但他却未醒。对于高度驱动这些超睡眠者的意图也很有趣——挑衅、生气、食欲以及性，这些驱动力恰恰是我的抑郁患者缺少的。超睡眠者根本没有进入快速眼动期睡眠状态，而抑郁的睡眠者却经历了，不过他们没有正常的做梦模式。我研究了越来越多这两种类型的功能紊乱患者，这将有助于我们更透彻地了解做梦的一般功能。

　　超睡眠者的行为显著的一点就是，任何情况下的意识形态反映了大脑生理上的状态，而差别也不是清醒与睡眠那么简单。这些案例还为克里斯多夫·科赫对于行动的"还魂者"提供了较好的例子。患有睡眠紊乱的人，大脑一些用来控制复杂的肌肉活动的区域有充足的活化作用，这些活动如开车，而他们的行为却不受意识认知的控制——需要主观的自我意识和回忆的神经网停止了活动。

　　最近，被发现的另一种精神异常现象对于夜间思维有更深的意义，这种症状叫作快速眼动期行为失常，那些患有该症状的人主要是中老年男子，他们在睡觉时不像正常的睡眠者那样处于休眠状态。相反，他们周期性地起床，扮演梦中的角色，就像米歇尔·朱维特用来做实验的猫一样跳着，好像在捕获猎物或是攻击假想的敌人，而脑电图描记器的记录显示其处于快速眼动期睡眠。那些猫之所以表现出此种行为，是因为在睡梦中，它们大脑抑制运动的部位已经被切除了，而对于人类，只有当大脑出现先天性缺陷时才产生这种现象。如果患有快速眼动期行为失常的人在做出梦中的行为后被叫醒，那么他们通常能够清晰地记起所做的梦和所做的行为。"最常见的情况就是他们梦到了被攻击，因此表现出拳打脚踢或用其他打架的方式来回击攻击者。"神经学家苏姗娜·史蒂文斯，她是芝加哥拉斯长老圣卢克医院的医师，她这样解释："我有一个梦见自己被一只狗踢了的患者，而他醒来后发现自己在狠狠地踢着床头。很不幸，通常是他们的配偶受到伤害"。

　　对那些患有快速眼动期行为失常的人的尸体进行检验后，发现一个共同点：在快速眼动期睡眠期间负责调节肌肉活动的脑干区域都有非正常的细胞。有许多25岁左右的年轻人患有此症状，而女性只是偶尔患上，将近有90%的快速眼动期行为失常的患者是男性，因此，一些科学家猜测，男性荷尔蒙也许是造成这种症状的原因。很典型的是，患者是在60岁左右被检查出此病，不过该病的症状通常在5～10年前就产生了。虽然对此症状可以实施药物治疗，但对于一些患者来说很不幸，快速眼动期行为失常可能是帕金森病或相关行为失常症状的征兆。最近发表的一项研究是针对39位患有快速眼动期行为失常的患者，并跟踪研究12年，结果表明，最终有2/3的患者患上了帕金森病。

根据卡特莱特的研究报道,当前与超睡眠相关的一种睡眠暴力或其他的类型已略微超过了人口数的2%。她说:"如果不是某人真正杀了另一个人,你也就不会听说太多,不过有些妻子不得不把丈夫锁在另一个房间,因为她们不想在夜里被吓到,这种例子很多。"近来,睡眠医疗中心有报道说患有快速眼动期行为失常的患者在服用属于选择性复合胺重吸收抑制剂类的抗抑郁剂后,发现焦虑症似乎会散布得更广。爱德华·佩斯·斯科特的研究证明,除了对梦的加强外,这些药物还会影响正常的睡眠循环。睡眠紊乱医疗中心报道说,那些依赖于药物的人在非快速眼动期睡眠中进行非正常的眼部运动,此现象被一些医生命名为"Prozac eyes",他们肌肉的急促运动十分强烈以至于将自己抛出床外。至少有一份研究发现非正常的眼部运动在患者停用抗抑郁剂后还持续6个月之久。我们还不明白为什么这些不良反应这么普遍并预示着什么,不过,这些报道的事例提示了一位睡眠紊乱医师针对随意开抗抑郁剂药物医生的一个警告。马克·马霍瓦尔德是明尼苏达州地方睡眠紊乱中心的专门医师,他是在1986年正式确认快速眼动期行为失常为一种新型超睡眠症状的专家之一。他表示:"虽然药物非常有效,但是对于患者的病情是否达到开刺激神经药物的程度,医生有责任进行确认。"

从芬兰的认知神经学家安迪·雷万索(Antti Revonsuo)处得知,几年前,梦的研究在发展迅速的新意识研究领域也发挥着重要作用。他说:"梦与意识之间的联系非常紧密,因为做梦是心理意识的体现,也是主观的视觉本质。"一个有关意识的未知核心问题叫作"束缚问题"。所有包含我们的体验——颜色、形式、声音、触摸以及嗅觉,都是由一些显著不同的神经机制构成,而我们还不了解所有的思想感情是怎样结合在一起来产生我们所统一连贯的感觉。雷万索表示,如果我们梦中的影像或人物有一些稀奇古怪的特征,我们就有了研究的案例,即大脑本能地无法将现实世界连接起来。了解做梦衰竭的原因有助于解释我们在清醒时大脑究竟在做什么,从而让体验感到连贯。

索菲·施瓦兹在瑞士塞内瓦大学生理和临床神经学系工作,钻研梦中一些古怪因素是她的研究方向之一。她说:"清醒的大脑会有意丢弃古怪的因素而提取出我们从经验中获得的熟悉以及所期待的事物。但是,梦中的大脑就会接受这些古怪现象并产生如蓝色香蕉的影像。对于了解神经系统在梦中开始构造超现实主义的原因,我很有兴趣,因为依靠对于清醒思维(大脑)的神经认知模式,我们还无法预知结果。"

施瓦兹的合作对象是皮埃尔·马奎特,他正在比利时的实验室里构建一个尖端科技的脑部影像仪器来继续有关做梦以及其他睡眠阶段是如何有助于学习和记忆巩固的调查,他所用的技术被叫作基本磁共振影像(fMRI)。该技术比以前的那些技术如PET扫描有优势,因为它提供了大脑全部的即时影像,即便是在极小的部位也可以提供更多精确的激活影像。另一个优点就是不用放射性物质的注入就可以获得影像,因此,实验对象可以随时接受测试人员的扫描。即时的基本磁共振影像提供了更多大脑活动细节的综合性图片,无论是在清醒还是在睡眠的不同状态下都可以。不过这种技术还是有它的缺陷,影像仪器有噪声,实验对象接受扫描时不能移动,一动不动地躺在叮当响的扫描仪上无法让实验对象进入睡眠,但是马奎特解决了这些问题。施瓦兹说:"皮埃尔的实验室是世界上第一个利用基本磁共振影像来研究睡眠和做梦的。"

他们将利用基本磁共振影像和脑电图描记器记录来研究清醒和睡眠的实验对象的大脑激活模式。一个需要脑影像方法来解决的主要问题就是具体的梦境是否与脑部区域的活动有关联,在失眠期间,脑部区域的活动又涉及某些感知的内容。例如,施瓦兹想看到不同之处,如果大脑在梦中建立起一个面部感知,用来在清醒时与辨认一个人的脸进行比较,也许在大脑中会产生激活模式。在睡眠或失眠状态下绘出被具体梦境激活的脑区域可以帮助我们了解在梦中哪组神经产生了我们看到或感觉到的东西。

尖端科技脑部影像对于由马克·索尔姆在南非进行的新研究也很重要,他所做的是脑损伤患者的研究,强调前脑对于产生梦的重要性。在法兰克福和德国研究者的协助下,索尔姆正在利用基本磁共振影像来查明非快速眼动期梦中哪个脑部机体被激活,这种非快速眼动期的梦在性质上被认为与快速眼动期的梦没有什么差异。索尔姆说:"这种方法最终将使我们与那些在快速眼动期睡眠中被激活的脑机体隔离,因为它们是负责做梦的。"具有讽刺意义的是,一个有关睡眠和做梦的最详尽的新研究领域目的是不用两者来找到解决方法。隶属于美国防御部门独立研究分支的国防高级研究计划局(DARPA),请求1亿美元的资金,达成最终让士兵几周不睡觉的目的。带着斯特朗·格洛夫博士的

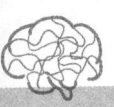

想法，国防高级研究计划局表述了它的目的："排除睡眠的需求来保持个体认知和身体的高度功能，这将在战争和军事雇佣上产生重大的改变。"

在这些研究者中，杰罗姆·西格尔获得了国防高级研究计划局的同意，他是洛杉矶加利福尼亚大学一个主要的神经生物学研究者。西格尔是其中一个发现嗜睡发作是由于大脑细胞缺少一种含有叫作内分泌腺的化学物质的人。他还是各类动物睡眠模式的专家，而且，他为国防高级研究计划局所做的研究，是为了获得更多有关海豚特殊睡眠方式的信息。这是因为海豚必须周期性地浮到水面来获得氧气，期间，大脑的一个半球会处于睡眠状态。右脑的睡眠期大约两个小时，之后便转入高度的清醒激活状态，同时左脑会进入睡眠期。在全部循环中，海豚保持着正常行为。西格尔说："我们努力分析海豚的脑半球睡眠模式从而来研究人类的脑半球是否可以由药物来诱导。"尽管海豚大脑的两个半球从来不会同时处于睡眠状态，但是它们可以同时清醒着，那是因为这些海里的哺乳动物有时至少两周都不睡觉——西格尔所说的时间段就是军队要求士兵不睡觉而工作的最小值。他解释："这是海豚的正常行为，而且没有不良反应，所以我们正在研究。""对于军队的相关研究，其他的科学家正在钻研鸟类是如何在一段长期的迁移中不睡眠的，还有在飞行中是如何睡眠的。"他说。

另一个由国防高级研究计划局资助的计划用来解决一个难题，就是睡眠的真正目的。在麦迪逊城威斯康星州大学工作的研究员奇阿拉·西莱利（Chiara Cirelli）正在从分子层面研究睡眠时发生了什么，同时还确定哪种基因与睡眠有关或是受睡眠缺失的影响。她解释道："我们只是在过去10年里的技术就同时检测出成千上万的基因，这使我们的研究成为可能。"军队为西莱利的分子研究提供了果蝇，从而来确定变异的基因是否在睡眠上对机体有影响。西莱利在分子层面对睡眠缺失给老鼠大脑带来的影响进行了检测。最初的结果显示，只有一个由长期睡眠缺失造成的基因表达，这个基因关系到平衡如多巴胺、去甲肾上腺素和血液中的复合胺等神经传递素。随着大脑进入睡眠的各个阶段，持续的清醒可以保持这些大脑的化学物质在脑中不断地高度循环而不是周期性地停止。因此，西莱利的研究提供了一个有趣的假设。她说："也许睡眠最重要的一个功能就是让大脑与神经传递素分离，从而在清醒时获得优势。不知为什么，让它们一直处于高活性状态对神经元有毒。"

后 记

当然，对于帮助我们产生生理状态的神经传递素来说，这是个戏剧性的转变，而这些状态又可以使做梦成为可能。所以，药物或其他机体的发展，可以使我们不需要更多的睡眠，从而消除我们的梦。如何免去更多的梦境仍有待研究，也影响着我们的生活，不过如果我们现在了解它对于身体、情感以及良好认知产生的作用，那么就很难想象我们的经历还会那么丰富。

未来的研究无疑将会解答剩下的疑问，并检验前脑的高层面是如何参与做梦以及梦境是如何构造起来的。但是大部分令人振奋的前沿研究，将有可能利用对梦的研究来进一步了解清醒时思维是如何运作的。现在我们知道，在做梦时我们可以将认知力量变成参与者和观察者，这样当大脑对自己说话时，我们就可以听到它的讲话，更多地了解明晰做梦有助于我们解决有关意识本质的问题。

因为有了那些站在前沿寻求了解更多有关大脑是如何思考的问题的人，所以，我们现在知道即便清醒时与"现实"世界相结合，我们的经历也确实没有出现在"以外"，而是在大脑自身，就像在梦中。最终的事实显示，我们经常在清醒时共做——就像做梦——一份精细的工作，由极其复杂的神经系统来执行。半个世纪梦的研究，已经证明了做梦有宝贵的意识形态，正如我们在现实世界的经历。随着科学在梦的研究上取得的更大进步，大脑其他部分的工作方式会让我们知道自己是谁，这些都将会增加我们对自然杰作的敬畏之情。